극지과학자가 들려주는

툰드라 이야기

그림으로 보는 극지과학 시리즈는 극지과학의 대중화를 위하여 극지연구소에서 기획하였습니다. 극지연구소Korea Polar Research Institute, KOPRI는 우리나라 유일의 극지 연구 전문기관으로, 극지의 기후와 해양, 지질 환경을 연구하고, 극지의 생태계와 생물자원을 조사하고 있습니다. 또한 남극의 '세종과학기지'와 '장보고과학기지', 북극의 '다산과학기지', 쇄빙연구선 '아라온'을 운영하고 있으며, 극지 관련 국제기구에서 우리나라를 대표하여 활동하고 있습니다.

일러두기

- ℃는 본문에서는 '섭씨 도' 혹은 '도'로 나타냈다. 이 책에서 화씨 온도는 사용하지 않고 섭씨 온도만 사용했다. 절대온도는 사용하지 않았다. 위도와 경도를 나타내거나, 각도를 나타내는 단위도 '도'를 사용했지만, 온도와 함께 나올 때는 온도를 나타내는 부분에 섭씨를 붙여 구분했다.

- 책과 잡지는 《   》, 글은 〈   〉로 구분했다.

- 인명과 지명은 외래어 표기법을 따랐다. 하지만 일반적으로 쓰이는 경우에는 원어 대신 많이 사용하는 언어로 표기했다.

- 용어는 책의 내용과 직접 관련이 있는 경우에는 본문에서 설명하였고, 주제와 관련이 적거나 추가 설명이 필요한 용어는 책 뒷부분에 따로 실었다. 책 뒷부분에 설명이 있는 용어는 본문에 처음 나올 때 ◉으로 표시했다.

- 참고문헌은 책 뒷부분에 밝혔고, 본문에는 작은 숫자로 그 위치를 표시했다.

- 그림 출처는 책 뒷부분에 밝혔고, 본문에는 그림 설명에 간략하게 표시했다.

- 용어의 영어 표현은 찾아보기에서 확인할 수 있다.

그림으로 보는 극지과학 4

극지과학자가 들려주는
툰드라 이야기

이유경, 정지영 지음

차례

툰드라, 어디선가 한번은 들어본 이름일 것이다. 중학교 사회시간이나 고등학교 지리시간에. 하지만 툰드라가 어떤 곳인지 그려보라고 한다면 선뜻 머릿속에 떠오르는 이미지가 없을 것이다. 왜냐하면 툰드라는 우리가 쉽게 떠났다 며칠 머물고 돌아올 수 있는, 그런 여행지가 아니기 때문이다.

툰드라는 땅 끝에 있다. 북반구의 끝 북극, 남반구의 끝 남극, 히말라야와 같이 높은 산자락 끝에 툰드라가 있다. 그래서 사람들에게 툰드라는 낯선 곳이다. 길고 긴 인류의 역사 속에서 우리가 툰드라에 과학적으로 진지하게 관심을 가진 것은 불과 채 백년도 되지 않는다. 아직도 툰드라 대부분은 인간의 발길이 닿지 않은 미지의 땅이다. 그런데 툰드라를 다 이해하기도 전에 지구온난화로 툰드라는 사라져가고 있다.

이 책에서는 지구상의 툰드라 중에서 북극 툰드라를 소개하고자 한다. 툰드라는 어떤 곳인지, 툰드라에는 어떤 생물이 살고 있는지,

툰드라는 땅 끝에 있다.
북반구의 끝 북극, 남반구의 끝 남극,
히말라야와 같이 높은 산자락 끝에 툰드라가 있다.
그래서 사람들에게 툰드라는 낯선 곳이다.

우리는 툰드라에서 어떤 연구를 하고 있는지 이 책에서 이야기할
것이다. 북극은 북극해까지 포함하고 있지만, 툰드라는 육지만 가
리킨다. 따라서 이 책에서 만날 툰드라 생물은 북극의 육상 생물이

극지과학자가 들려주는 툰드라 이야기

다. 일각고래와 같은 해양 생물이나 타이가호랑이 같은 한대 생물은 이 책에서 다루지 않는다.

　사람들의 관심을 온도로 표시할 수 있다면, 북극은 아주 뜨거운 곳이다. 지구온난화로 북극해를 뒤덮던 얼음이 사라지고, 꽁꽁 얼었던 땅이 녹고 있기 때문이다. 여름철에 북극해 얼음이 사라지면서 툰드라를 움켜쥐고 있던 북극해의 찬바람이 약해진다. 툰드라의 동토가 녹으면서 땅속에 갇혀있던 온실기체가 뿜어져 나오고, 땅속에서 잠자고 있던 미생물이 깨어난다. 툰드라에는 빙하기에 지구 북반구를 뒤덮었던 북극담자리꽃나무를 비롯하여 3천여 종의 식물이 살고 있고, 꿋꿋하게 혹독한 추위를 이기며 살아가는 동물들도 있다. 이들은 점차 남쪽에서 올라오는 새로운 생물과 함께 사는 길을 찾아야 할 것이다. 게다가 이곳에는 석유나 천연가스, 금이나 희토류 금속 같은 천연 자원이 많아 북극 툰드라에 대한 사람들의 관심은 날로 높아지고 있다.

　도대체 북극 툰드라는 어떤 곳이며 현재 어떤 변화가 일어나고 있는 것일까? 매년 북극 툰드라에 들어가 탐사와 연구를 하는 우리들과 함께 이런 궁금증을 풀어 보자.

1장

땅속까지 얼어붙은 툰드라

북극에는 키가 큰 나무가 없습니다. 우리가 일반적으로 북극이라고 알고 있는 북위 66도 이북 지역은 대부분이 바다고, 그렇지 않은 곳은 빙하로 덮여 있거나 땅이 있더라도 일 년 내내 얼어 있기 때문입니다. 나무가 자랄 수 없는 지리적 경계를 수목한계선이라고 합니다. 북극의 경계는 바로 이 생태학적 수목한계선입니다. 북극의 육지는 기온이 낮아 일 년 내내 얼어있는 동토입니다. 하지만 이 동토도 여름에는 표면이 살짝 녹습니다. 겨울에는 사방이 얼음이지만 여름이면 얼음이 녹아 물이 되고, 이 물이 겨울에 다시 얼면서 토양에는 얼음과 물의 순환이 일어납니다. 그래서 이곳 북극에서는 다른 곳에서는 볼 수 없는 독특한 지형이 있습니다. 이곳이 바로 북극의 육지, 툰드라입니다.

새끼곰이 엄마곰에 처질세라 발걸음을 빠르게 놀린다.
북극해를 덮고 있던 해빙이 녹자 동토로 올라 왔다.

엄마, 같이 가요.
그런데 여기가 어딘가요?

여긴 툰드라야.
북극에는 바다도 있지만 땅도 있단다.
북극의 바다는 북극해, 땅은 툰드라라고 하지.

여기 땅은
다 얼어있는 것 같아요.

맞아, 여기는 땅속까지 얼어있어.
이곳은 얼음이 녹거나 얼면서
땅의 모습을 많이 바꿔놓는단다.

1 동토, 툰드라, 타이가 그리고 북극

"동토凍土는 식물이 잘 자라지 못하고 흙에 유기물도 적고……"

"아니지, 그건 일부 지역의 이야기고 대부분의 동토는 식물로 덮여있고 유기물도 풍부하지."

래리 힌즈만 국제북극연구센터[*] 소장은 동토에 대해 나와 다른 생각을 갖고 있었다. 20년 이상 동토 지역을 다닌 전문가의 말에 갑자기 내가 아는 동토가 낯설어졌다. 그린란드 자켄버그, 노르웨이 스발바르의 뉘올레순, 캐나다 리조루트 등에 가면서 조그만 경비행기에서 내려다 본 동토는 황량하고 척박한 곳이었는데(그림 1-1), 그는 나와 다른 동토를 이야기했다. 곰곰이 생각해 보니 시베

✱ 국제북극연구센터(International Arctic Research Center, IARC)는 미국과 일본, 두 나라 정부가 지원하는 연구 기관으로 미국의 알래스카 대학에 소속되어 있다. 주로 북극의 환경 변화에 대한 연구를 수행한다.

그림 1-1
비행기에서 내려다 본 그린란드의 툰드라. 그린란드는 대부분 빙하에 덮여 있고 땅이 드러난 곳에는 나무가 없어 황량하다.

리아는 숲을 이루고 있었다. '거기는 타이가 지역이잖아.' 그러고 보니 지금까지 내가 가 본 동토는 툰드라 지역이었다. 갑자기 '동토, 툰드라, 타이가…' 개념이 헷갈리기 시작했다. 지도를 펼쳐 놓고 이들 세 지역을 비교해 보니 동토는 툰드라와 타이가를 합쳐 놓은 지역과 거의 겹쳐졌다. 툰드라는 북반구의 해안가에 좁은 지역을 차지하고 있고 타이가는 시베리아와 북미 대륙의 넓은 지역을 덮고 있었다. 래리 소장 말이 맞았군!

동토는 북반구 육지의 사분의 일이나 차지한다. 러시아 국토의 60퍼센트, 캐나다의 50퍼센트가 바로 이 동토다. 북반구에서 대부분의 동토는 북극과 한대 지역에 분포하며, 일부는 히말라야와 몽고, 중국의 고산 지역에 있다. 동토는 툰드라뿐 아니라 타이가에도 있다. 툰드라보다 남쪽에 위치하는 타이가는 아북극에서 온대 북부 지역까지 아우르며 아주 너른 지역에 분포한다.

북극의 땅은 툰드라다

그렇다면 툰드라와 타이가 중 어디가 북극일까? 툰드라나 타이가는 비슷한 기후와 생물을 갖는 생물군계*를 구분할 때 사용하는 말이다. 하지만 북극은 지리적인 위치를 나타내는 말이다. 북극이 어디인지 정확하게 알려면 먼저 북극을 어떤 곳으로 정의하는지 알아야 하는데, 놀랍게도 아직까지 북극에 대한 공식적인 정의가 없다. 심지어 북극이사회**에서 펴낸 지도에서조차도 북극을 서

---

* 생물군계(biome)는 육상 생태계에서 기후와 지리적 특징이 비슷하고 식생 구조, 지형, 환경, 동물 군집의 특성이 비슷한 지역을 의미한다. 학자에 따라 분류 기준과 명칭이 다양하다. 예를 들어 연평균 기온과 강수량을 기준으로 열대우림, 사바나, 아열대 사막, 온대림, 한대림, 툰드라 등으로 구분할 수 있다. 어떤 이는 적도, 열대, 아열대, 지중해, 온대, 대륙성, 한대, 극지로 구분하기도 한다.

** 북극이사회(Arctic Council)는 북극권 국가가 모여 북극에 대한 정책과 환경보전 등을 논의하고 국제협력을 통해 문제를 해결하는 정부간 협의기구다.

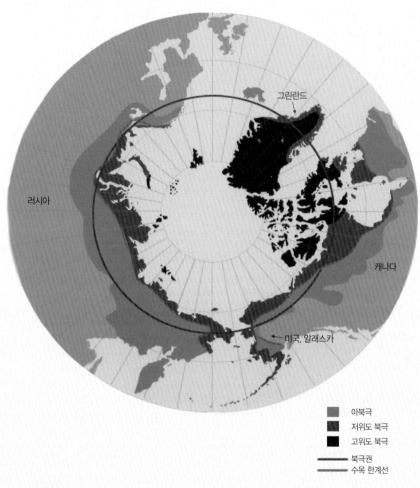

그림 1-2

북극과 툰드라의 정의. 파란색 선은 북극권 기준선으로 이 안쪽이 지구물리학에서 정의한 북극이다. 주황색 선은 수목한계선으로 이 안쪽이 생태학에서 정의한 북극이다. 툰드라는 생태학적인 북극 중에서 육상에 해당한다. 생태학적인 북극은 식물의 종류에 따라 다시 고위도 북극과 저위도 북극으로 구분된다.

로 조금씩 다르게 표시한다.

지구물리학의 관점에서 보면 북극은 북극권Arctic Circle보다 북쪽에 있는 땅과 바다를 가리킨다(그림 1-2). 북극권은 북위 66도 33분을 연결한 원으로 하지에 해가 지지 않고 동지에 해가 뜨지 않는 기준선이다. 이 북극권 보다 위쪽으로는 여름에 낮만 계속되는 백야白夜, 겨울에 밤만 계속되는 극야極夜가 발생한다. 한마디로 여름밤 해가 지지 않는 백야가 일어나는 지역을 북극이라고 하는 것이다. 그러나 생태학의 관점에서 보면 북극은 키가 큰 나무가 자랄 수 있는 수목한계선 북쪽을 가리킨다(그림 1-2). 툰드라는 낮은 온도와 짧은 생장 기간때문에 키가 큰 나무가 자라지 못하는 곳이다. 따라서 북극 툰드라는 생태학에서 정의한 북극 중에서 육지에 해당한다.

북극을 종종 고위도 북극High Arctic과 저위도 북극Low Arctic으로 구분하기도 하는데, 이들은 모두 툰드라에 포함된다. 저위도 북극 바깥쪽으로 아북극도 있는데, 아북극은 툰드라가 아니라 타이가에 속한다. 일반적으로 툰드라는 북극의 육지, 북극은 북극해+툰드라라고 할 수 있다.

북극은 북위 66도 33분 이북 지역을 말한다. 북극에서는 해가 지지않는 백야와 해가 뜨지 않는 극야가 나타난다. 북극을 생태학적으로 정의하면, 나무가 자랄 수 있는 수목한계선 이북 지역을 말한다.

북극의 하얀 밤, 백야

북극에서는 여름에 하루 종일 낮이 계속된다. 밤에도 해가 뜨는 백야다. 한편 겨울철에 북극은 하루 종일 컴컴하다. 북극점에서 대략 2600킬로미터를 남쪽으로 내려와야 겨우 해를 볼 수 있다. 그렇다면 백야는 왜 생기는 것일까?

백야白夜는 지구가 자전하는 중심축이 기울어져 있기 때문에 생긴다. 지구는 여름철 태양을 향해 23.4도 기울어져 있다. 따라서 북극점인 90도에서 23.4도를 뺀 66.6도(66°33′44″)까지는 하루 종일 해가 비춘다(그림 1-3). 반대로 태양의 반대쪽을 향하고 있는 남극은 하루 종일 해가 비추지 않는 극야極夜가 된다. 백야나 극야의 기준선인 북극권은 위치가 고정되어 있지 않아, 자전축의 움직임에 따라 4만년에 2도 주기로 변한다.

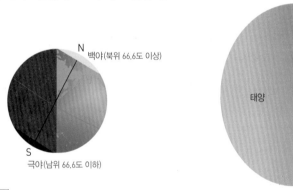

N
백야(북위 66.6도 이상)

S
극야(남위 66.6도 이하)

태양

그림 1-3

백야와 극야가 생기는 원리. 지구의 자전축이 기울어져 있기 때문에 지구가 자전을 해도 하루 종일 해가 비추는 지역과 해가 비추지 않는 지역이 생긴다.

북극에 있는 다산과학기지에서 가장 당황스러웠던 것은 해가 뜨면서 하루가 시작되지 않는다는 것이었다. 하늘에 해가 계속 떠 있으니 아침과 함께 하루를 시작하는 그런 기분이 없었다. 북극에 발을 디디기 전까지는 막연하게, 백야가 아무리 하얀 밤이라고는 하지만 그래도 새벽녘 어스름처럼 뭔가 낮과는 다른 밤일 것이라고 기대했다. 하지만 다산과학기지의 백야는 우리나라의 대낮 같았다. 그러다 보니 시차로 잠을 이루지 못하던 한 연구원은 새벽 2시에 기지 주변에 나가 샘플링을 하기도 했다. 21C 다산주니어*들은 백야를 기억하고 싶어 실험을 하다가 밤 12시에 밖에 나가 백야 체험 기념사진을 찍기도 했다(그림 1-4).

그림 1-4

밤 12시에 21C 다산주니어와 함께 다산기지 앞에 선 저자 이유경(맨 오른쪽). 구름이 끼지 않았다면 대낮처럼 해가 쨍쨍했을 것이다.

---

* 21C 다산주니어는 다산과학기지에서 연구 활동을 하는 청소년을 말한다. 극지연구소에서는 청소년의 과학적 탐구심을 높이고 북극 현장에서의 심화 학습 활동을 강화하기 위하여 청소년들을 선발하여 매년 여름 다산과학기지에서 탐사와 연구를 하는 기회를 준다. 고등학교 연령의 대한민국 청소년이라면 누구나 참여가 가능하며 자세한 지원방법은 극지연구소 홈페이지www.kopri.re.kr와 북극Nwww.arctic.or.kr에서 찾을 수 있다.

2 조금씩 올라가는 툰드라의 온도

툰드라는 땅이 일 년 내내 얼어붙어 있는 동토*다. 북극해가 얼어 얼음이 되는 것처럼 툰드라의 육지도 얼어 있다. 하지만 아무리 동토라 해도 여름에는 햇볕을 받아 땅의 표면이 살짝 녹는다. 그러나 녹는 것은 지표면일 뿐, 땅속에는 일 년 내내 녹지 않고 얼어붙어 있는 땅이 있는데, 이를 '영구동토층'이라 한다. 반면 여름에 살짝 녹는 지표면은 활동층이라고 한다(그림 1-5).

> 툰드라는 일 년 내내 얼어있는 동토다. 일 년 내내 얼어붙어 있는 땅을 '영구동토층', 여름에 살짝 녹는 지표면을 '활동층'이라 한다.

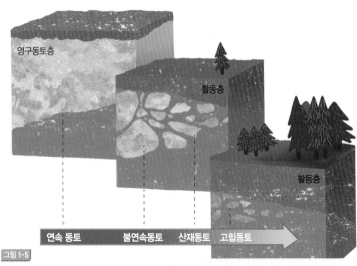

그림 1-5

동토의 단면도. 영구동토층은 일 년 내내 얼어있지만, 활동층은 여름에 잠깐 녹는다. 영구동토층이 땅속의 91% 이상을 차지하면 연속 동토, 51~90%를 차지하면 불연속 동토, 11~50%를 차지하면 산재 동토, 10% 이하를 차지하면 고립 동토라고 한다.

극지과학자가 들려주는 툰드라 이야기

활동층의 깊이는 일반적으로 20~250센티미터지만, 지역에 따라 깊이가 다양해서 수백 미터나 되는 경우도 있다. 그렇다면 북반구에서 영구동토층은 어떻게 분포하고 있을까?

북반구의 사분의 일은 영구동토층을 품고 있다. 북극에 가까울수록 땅의 대부분이 얼어있고, 남쪽으로 갈수록 땅의 일부만 영구동토층이다. 땅속 면적의 91퍼센트 이상을 영구동토층이 차지하는 경우를 '연속 동토 continuous permafrost'라고 하며 주로 러시아의

> 땅속 토양의 91퍼센트 이상이 일년 내내 얼어있을 경우, 그 지역을 연속 동토라 한다. 툰드라는 대부분 연속 동토다.

시베리아와 캐나다 고위도 북극에 있다(그림 1-6). 툰드라의 대부분은 연속 동토다.

동토 전체의 반 정도(47퍼센트)를 연속 동토가 차지하고, 나머지는 동토가 서로 떨어져 있는 부분적인 동토로 아북극과 한대지역에 분포한다. 부분적인 동토는 다시 불연속 동토, 산재 동토, 고립 동토로 구분된다. 영구동토층이 51~90퍼센트 정도를 차지하는 지역은 '불연속 동토discontinuous permafrost'라고 하며, 불연속 동토에서는 남쪽을 향하는 언덕이나 강이 흐르는 계곡에서 영구동토층이 사라지기도 한다. 영구동토층이 드문드문 흩어져 분포하는 곳을

---

* 땅속이 얼어붙은 지역을 나타내는 '동토'와 지하의 얼어붙은 층을 가리키는 '영구동토층' 모두 영어로는 permafrost라고 한다. 이 책에서는 permafrost를 '동토'와 '영구동토층'으로 구분하여 사용한다.

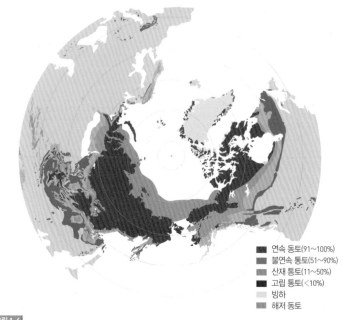

그림 1-6

지구 북반구에서 동토의 분포. 북극과 아북극 지역뿐만 아니라 히말라야, 몽고와 중국의 고산 지대, 북극해 해저에도 동토가 존재한다.

'산재 동토sporadic permafrost', 아주 드물게 분포하는 곳을 '고립 동토isolated permafrost'라고 한다. 산재 동토에서는 영구동토층의 비율이 11~50퍼센트이며 침엽수가 자라기 시작한다. 고립 동토에서는 침엽수가 빽빽한 숲을 이루고, 10퍼센트 이하의 영구동토층이 북쪽을 향하는 언덕이나 땅속 깊은 곳에 분포한다. 그렇다면 실제 동토는 어떤 모습을 하고 있을까?

땅의 91퍼센트 이상이 얼어 있는 툰드라

알래스카의 카운실이라는 곳에 가면 넓은 초원이 나온다. 초원 옆을 흐르는 작은 강을 건너면 원주민인 이누이트가 사는 마을도 있다. 띄엄띄엄 키 작은 침엽수가 눈에 띄는 이 초원은 어디선가 양떼가 나올 듯한 풍경이다. 하지만 멀리서 볼 때와 달리 막상 초원에 발을 들여 놓으면 뭔가 이상한 느낌이다. 마치 쿠션을 밟는 것처럼 땅이 푹신푹신하기 때문이다. 게다가 울퉁불퉁하기까지 해서 걷기가 여간 어려운 게 아니다. 이곳에 들어가 연구용 흙을 얻기 위해 땅을 파는데, 이 윗부분이 활동층이다. 땅을 50센티미터

그림 1-7

그린란드 자켄버그에서 활동층의 깊이를 측정하는 저자 정지영

정도 파면 더 이상 삽이 들어가지 않는데, 이 아래가 바로 영구동 토층이다.

군이 삽으로 땅을 파지 않더라도 활동층의 깊이를 알아낼 수 있다. 길이가 1.2미터 정도 되고 표면에 눈금이 그려진 쇠꼬챙이를 땅속에 박으면 된다(그림 1-7). 쇠꼬챙이가 더 이상 들어가지 않을 때까지 집어넣고 눈금을 읽으면 지표면에서 얼마나 깊은 곳까지 땅이 녹아 있는지 알 수 있다. 보통 세 번 이상 깊이를 재서 평균값을 활동층의 깊이로 사용한다. 아주 간단하지만 활동층을 망가뜨리지 않으면서도 비교적 정확하게 깊이를 알아낼 수 있는 방법이다. 힘은 꽤 들지만 연구 장비는 아주 저렴하다.

활동층의 깊이는 고정돼 있지 않고 계절에 따라 달라진다(그림 1-8). 봄날 따스한 햇볕을 받아 동토 표면이 녹으면 활동층이 만들

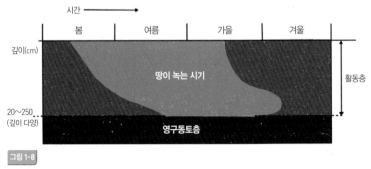

그림 1-8

계절에 따른 활동층 깊이 변화

극지과학자가 들려주는 툰드라 이야기

그림 1-9

극지연구소 남성진 연구원(오른쪽)이 동료들과 함께 알래스카 카운실에서 동토 코어링을 하고 있다.

어진다. 9월이 되면 활동층이 가장 깊어지고, 가을이 되어 기온이 낮아지면 표면부터 다시 얼어붙는다. 동토가 깊은 겨울잠에 빠지는 것이다.

깊이별로 활동층과 영구동토층을 비교하기 위해서는 위아래 흙이 뒤섞이지 않아야 하는데, 이때 코어라고 부르는, 가운데 구멍이 뻥 뚫린 쇠기둥을 사용한다. 동토는 꽁꽁 얼어 있어서 망치로 내려치는 정도로는 쇠기둥이 들어가지 않는다. 게다가 쇠기둥을 뽑아 올리는 것은 더 어려워서 웬만한 힘으로는 어림도 없다. 알래스카

그림 1-10

알래스카 동토지역에서 땅속의 단면을 확인하기 위해 잭해머를 이용하여 영구
동토를 쪼개고 있다. 가운데 빨간 옷을 입은 사람이 사용하는 것이 잭해머다.

카운실에 간 첫 해에는 우리나라에서 사용하던 코어로 땅을 파려
고 했는데, 아무리 망치질을 해도 코어가 땅속으로 잘 들어가지 않
아 엄청 고생을 했다. 급기야 동토에 박힌 코어가 빠지지 않아 다
음 해를 기약하고 코어를 그냥 남겨둔 채 오고 말았다. 그 다음부
터는 모터가 붙어있는 코어링 장비를 이용해 땅을 뚫고 있다(그림
1-9). 이 코어링 장비를 이용하면 활동층부터 영구동토층까지의
흙기둥을 얻을 수 있다. 한편, 땅속의 단면을 보기 위해 구덩이를
파는 경우도 있는데, 이때는 아스팔트를 쪼개는 잭해머를 이용해
야만 꽁꽁 얼어있는 영구동토층을 부숴 파낼 수 있다(그림 1-10).

영구동토층은 한여름에도 0도 이하

그렇다면 얼어붙은 땅속의 온도는 몇 도일까? 그것은 지역마다 다르다. 토양 온도는 대기 온도와 직접 관련이 있지만 땅의 표면을 어떤 식물이 얼마나 덮고 있는지, 눈이 얼마나 쌓이고 언제 녹는지, 토양 수분이나 토질은 어떠한지에 따라 영향을 받는다. 무엇보다 지표면의 온도와 땅속 깊이에 따라 토양 온도가 달라진다(그림 1-11). 일반적으로 토양의 표면은 대기온도와 비슷하여 활동층이 여름에는 0도 이상으로 올라갔다가 겨울에는 0도 이하로 내려가는 등 온도차가 크다. 그러나, 땅속 온도는 토양 표면만큼 온도차가

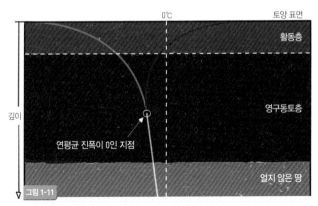

동토의 깊이별 온도 변화. 빨간선은 1년중 토양 온도가 가장 높이 올라갔을 때, 파란선은 토양 온도가 가장 낮을 때의 온도다. 땅속으로 깊이 내려가면 최고 온도와 최저 온도가 일치하는 지점, 즉 일년 내내 토양 온도가 거의 변하지 않는 지점이 있는데, 이것을 연평균 진폭이 0인 지점이라고 부른다. 토양 온도가 0도보다 높아지면 영구동토층이 녹아 활동층이 된다.

영구동토층의 온도는 땅에 깊은 구멍을 뚫은 후 깊이별로 온도 센서를 설치하여 측정한다. 이때 일정 시간 간격으로 온도를 측정하여 기록하는 데이터 로거를 이용하여 온도 데이터를 지속적으로 저장할 수 있다. 캐나다의 한 지점에서는 1028미터까지 구멍을 뚫어 온도를 측정하고 있다. 러시아의 한 지역에서는 30년간 온도 변화를 기록하여 가장 오랫동안 영구동토층의 변화를 측정한 자료를 가지고 있다. 이렇게 장기적으로 온도를 측정하면서, 아무 변화가 없을 것 같은 영구동토층에서도 온도가 조금씩 높아지고 있다는 것을 알게 되었다. 이렇게 여러 나라의 많은 지점(약 1060개)에서 영구동토층의 변화를 모니터링 하는 국제공동프로그램이 국제영구동토층네트워크Global Terrestrial Network for Permafrost, GTN-P이다.

과학자들은 영구동토층의 온도 변화 이외에도 매년 여름철에 활동층이 얼마나 깊어졌는지 활동층의 두께 변화도 모니터링을 하고 있다. 약 240개 지점에서 가늘고 뾰족한 막대를 찔러 더 이상 들어가지 않는 깊이를 확인하거나(그림 1-7), 물이 들어있는 관을 토양에 삽입하여 물이 어는 깊이와 시기를 측정하는 방법을 통해 활동층 변화를 확인한다. 측정된 영구동토층의 변화에 대한 기록은 누구나 사용할 수 있도록 공개하고 있다. GTN-P 홈페이지 http://gtnp.arcticportal.org에 접속하면 영구동토층의 온도 데이터를 볼 수 있다(그림 1-14).

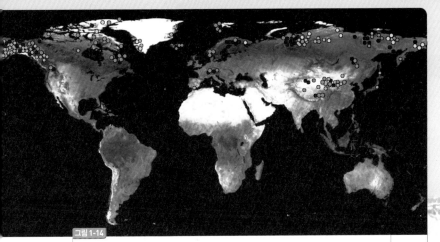

영구동토층 온도를 측정하고 있는 지점을 보여주는 GTN–P 지도

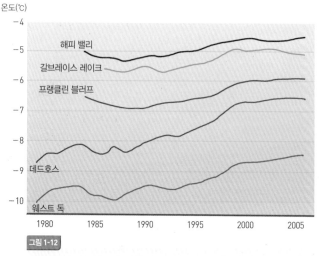

그림 1-12

알래스카 여러 지역의 지하 20미터 지점 땅속 온도 변화. 지난 20년 동안
영구동토층의 온도가 높아지고 있다.

토양 표면은 대기 온도와 비슷하여 여름과 겨울의 온도차가 크다. 하지만 땅속은 툰드라의 계절에 따른 온도차가 크지 않고, 한여름에도 0도 이하를 유지한다.

크지 않고, 여름철에도 0도 이하를 유지하여 녹지 않는다. 하지만 땅속으로 깊이 내려갈수록 온도가 서서히 올라가서 영구동토층 바닥에 이르면 0도 이상이 된다. 한 가지 중요한 점은 1980년대 이후 동토 여러 지역에서 땅속 온도가 서서히 높아지고 있다는 것이다(그림 1-12).

얼어붙은 땅이라고 지형이 단순한 것은 아니다. 툰드라에도 산과 강, 언덕과 계곡, 사막과 습지가 있다. 이런 다양한 툰드라의 모습을 좀 더 자세히 알아보자.

극지과학자가 들려주는 툰드라 이야기

3 얼음이 땅의 모양을 결정한다

툰드라의 평평한 지대에서 봉우리가 솟아
올라와 있는 모습을 종종 볼 수 있는데, 이것
을 핑고pingo라 부른다(그림 1-13). 핑고를 일
반 언덕과 구분하는 이유는 그 속에 흙이 아니라 얼음이 채워져 있
기 때문이다. 한마디로 핑고는 땅봉우리가 아니라 얼음봉우리다.
핑고는 토양이 얼면서 땅속의 물이 압력을 받아 위쪽으로 올라가
며 얼어붙어서 생긴다. 핑고의 높이는 70미터에 이르기도 하고, 지
름은 수십~수백 미터가 되기도 한다. 토양의 온도가 높아져 핑고
속의 얼음이 녹게 되면, 핑고가 무너져 내리기도 한다.

툰드라에는 매년 활동층이 얼었다 녹으면서 땅 표면에 다각형,

> 툰드라의 평평한 땅에 솟은
> 봉우리를 핑고라 한다. 핑고
> 내부에는 얼음봉우리가 있다.

그림 1-13
알래스카 습지에 솟아 오른 핑고와 핑고의 단면

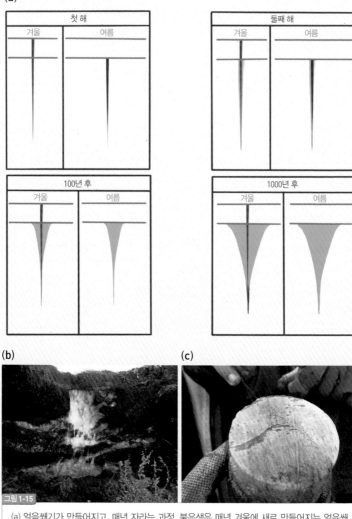

(a)

첫 해
겨울 | 여름

둘째 해
겨울 | 여름

100년 후
겨울 | 여름

1000년 후
겨울 | 여름

(b)

(c)

그림 1-15

(a) 얼음쐐기가 만들어지고, 매년 자라는 과정. 붉은색은 매년 겨울에 새로 만들어지는 얼음쐐기로 첫해 여름에는 녹아서 틈이 생겼다가 틈사이에 물이 찬다(짙은 파랑색). 겨울이 되면 다시 얼음이 얼면서 점점 틈이 더 벌어지고 얼음쐐기가 커진다(파랑색).

(b) 얼음쐐기의 모습

(c) 가운데가 오목한 구조토의 가장자리에서 채취한 얼음쐐기의 수평 단면. 나이테처럼 매년 한 층씩 자라는 패턴을 볼 수 있다.

원형, 그물모양 등의 일정한 구조가 만들어지기도 한다. 이런 토양을 구조토patterned ground라 부른다. 겨울에 온도가 내려가 토양이 얼면서 팽창이 되었다가, 여름에 녹으면 토양 내에 틈이 생기고, 그 틈 사이로 물이 스며든다. 다시 겨울이 되면 틈 사이에 존재하는 물이 얼어 부피가 커져 틈이 더 벌어지고, 그 이듬해 여름에 얼음이 일부 녹고 물이 스며든다. 이런 과정이 수백 년 이상 반복되게 되면, 얼음쐐기의 부피가 커지게 된다(그림

> 툰드라에는 활동층이 얼었다 녹으면서 표면에 다각형, 원형 혹은 그물 모양의 일정한 토양 구조가 만들어진다. 이런 토양을 구조토라 한다.

1-15). 토양 내 얼음쐐기의 부피가 커지면 주변 토양에 압력을 가하게 되는데, 이로 인해 토양의 중심부는 움푹 내려앉고 가장자리

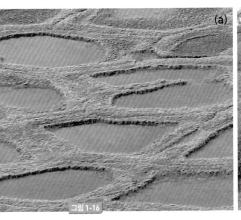 

그림 1-16

(a) 가운데가 오목한 구조토, (b) 가운데가 볼록한 구조토

는 볼록하게 올라간 구조토low-centered polygon가 생긴다(그림 1-16). 물이 잘 빠지지 않는 지역에서는 가운데에 물이 고여 아래의 영구동토층을 녹이게 되고, 그 결과 가운데가 더 내려앉기도 한다. 반면, 얼음쐐기가 녹거나 물이 잘 빠져서 가장자리가 내려가게 되면 가운데가 올라간 것처럼 보이는 구조토high-centered polygon가 형성된다(그림 1-16). 이러한 다각형 모양의 구조토는 지름이 15~20미터에 이른다.

원 모양의 구조토는 다각형 모양의 구조토보다 크기가 작아 지름이 0.5~3미터다. 구조토는 가장자리에 돌이 있기도 하고, 없는 경우도 있다. 가장자리에 돌이 없을 때는 '비정렬 구조토non-sorted

(a) 비정렬 구조토의 표면. 가운데는 식물이 잘 자라지 않고 가장자리는 식물이 잘 자라고 있다.
(b) 비정렬 구조토의 가운데를 자른 단면의 모습. 활동층이 그릇 모양으로 생겼는데, 가운데는 가장 많이 녹아 활동층이 깊고 가장자리는 유기물층이 두꺼우며 활동층이 깊지 않은 것을 볼 수 있다.

극지과학자가 들려주는 툰드라 이야기

그림 1-18

스발바르의 다산기지 주변에 있는 원형구조토

circle'라 부르고, 돌이 있는 경우 '원형 구조토sorted circle'라고 한다. 비정렬 구조토의 가운데 부분은 평평하거나 봉긋하게 올라와 있고 대부분 식물이 잘 자라지 않는다(그림 1-17). 반면 가장자리에는 두 꺼운 이끼층이나 유기물층이 발달되어 수분을 많이 함유하고 있다. 이러한 식물 또는 유기물의 분포는 여름철 활동층의 깊이에도 영 향을 주므로, 비정렬 구조토의 가운데는 활동층의 깊이가 매우 깊 고, 가장자리로 갈수록 활동층의 두께가 얇다(그림 1-17). 원형 구

조토는 가운데에 가는 입자의 토양이 있고 가장자리에 토양 입자
보다 크고 무거운 돌멩이가 분포한다(그림 1-18).

툰드라의 습지

툰드라에는 습원bog과 알칼리습원fen이라는 이탄습지가 존재한

식물이 물에 잠겨 전부 분해되
지 않고 일부가 남아있는 것을
이탄이라고 한다 툰드라에는
습원과 알칼리습원이라는 이
탄습지가 있다.

다. 이탄습지peatlands는 이탄으로 이루어진
습지로, 이탄은 식물체가 물에 잠겨서 전체가
다 분해되지 않고 일부 형체를 알아볼 수 있
는 유기물질로 남은 것을 말한다. 습원에는
비나 눈이 내리는 것을 제외하고는 습지로 물이 들어가거나 나오
지 않는다. 습원은 일반적으로 식물 생장에 필요한 영양물질의 농
도가 매우 낮고 pH도 낮아서 산성을 좋아하는 식물(특히 이끼류)이
자란다. 알칼리습원의 경우에는 주변으로부터 물이 들어오거나 지
하수가 유입되는 곳으로 벼과, 사초과, 골풀과 식물이 자란다(그림
1-19). 알칼리습원은 습원보다 영양물질의 농도가 높고, pH도 높
다. 그러나 시간이 지나 이탄이 축적되고 지하수가 공급되지 않으
면, 알칼리습원은 습원으로 천이가 되기도 한다. 두 이탄습지 모두
홍수의 위험을 방지하고 수질을 좋게 하며, 습지 특이적인 식물과
동물의 서식처가 된다.

연속 동토와 불연속 동토 지역에서는 호수나 강 밑에 얼지 않는

그림 1-19

그린란드 자켄버그의 알칼리습원

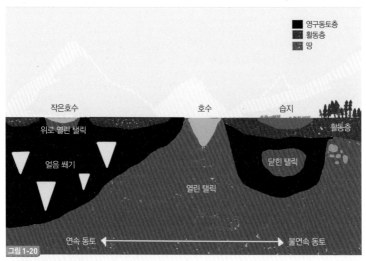

동토의 단면도와 탤릭

툰드라의 호수나 강 아래 땅속에는 얼지 않는 토양이 있는데 이를 탤릭이라 한다. 한편 툰드라에서 동토가 녹아 습지가 불규칙하게 분포하는 지형을 열카르스트라고 한다.

토양층이 있는데, 이것을 탤릭talik이라고 한다(그림 1-20). 탤릭은 영구동토층에서 일년 내내 얼지 않는 지층을 가리킨다. 연속 영구 동토층에서는 종종 열카르스트thermokarst 호수나 강 아래에서 탤릭이 발견된다. 탤릭이 완전히 영구동토층에 둘러싸여 있는 경우에는 닫힌 탤릭, 탤릭 위쪽에 호수나 강이 자리 잡고 있는 경우에는 열린 탤릭이라고 한다. 한편 얼음이 많은 영구 동토층이 녹아 표면이 움푹 들어간 습지가 매우 불규칙하게 생긴 경우 열카르스트라고 한다. 탤릭과 열카르스트에서는 동토의 온도

열카르스트

가 높아지면서 그 밑에 있는 영구동토층이 녹으면 갑자기 호수가 사라지거나 습지가 마르기도 한다. 그래서 지구온난화로 인한 북극의 변화를 연구할 때 주목받는 곳이다.

토양의 온도가 0도 이상으로 올라가면 영구동토층이 녹는다. 영구동토층이 녹으면 어떤 일이 일어날까? 호수와 습지가 생기는 곳이 있는가 하면 사라지는 곳도 있고, 식물이 더 잘 자라는 곳이 있는가 하면 예전만큼 자라지 않는 곳도 있다. 지금도 일어나고 있는 이런 변화를 알기 위해 우선 북극 툰드라에 사는 생물을 만나보자.

2장

혹독한 추위를
이기고 살아내다

북극 툰드라에 동물은 많지 않습니다. 하지만, 맞습니다. 우리가 매체에서 자주 접해, 마치 친구처럼 느끼는 북극곰이 바로 이곳에 살고 있습니다. 북극곰은 느릿느릿 여유만만인 것 같아도, 1시간에 30킬로미터를 달릴 수 있는 아주 빠른 동물이라고 합니다. 그리고 툰드라 초원의 풀을 먹고 사는 사향소도 있습니다. 사향소의 털은 아주 보온효과가 좋다고 합니다. 보온성 좋은 털이 체온이 바깥으로 전달되는 것을 막아, 등에 눈이 쌓여도 체온에 의해 녹지 않고 그대로 있다고 하네요. 산타클로스의 썰매를 끄는 순록도 빼놓을 수 없는 북극 주민입니다.

북극의 툰드라에 살고 있는 북극곰과 사향소, 순록이 오랜만에 한데 모였다.

난 여름에 툰드라에서 지내다가
이제 겨울철 해빙 위로 사냥하러 가네.

춥지? 우리는 그래도 이 북실한 털이
보온을 엄청 잘 해줘서
그런대로 버틸만해.

나는 열심히 눈 속을 뒤져
내가 먹을 지의류를 찾고 있어.

1 조촐한 툰드라 동물 가족

'북극' 하면 가장 먼저 떠오르는 동물은 북극곰일 것이다. 하지만 '동물'이라는 낱말은 상당히 다양한 생물을 포함하고 있다. 북극곰과 올빼미, 개구리와 도마뱀, 지렁이, 진드기, 거미, 모기, 물벼룩, 새우 등 정말 다양한 생물이 '동물'이라는 이름으로 불린다. 이런 다양한 생물 중에 혹독한 추위를 이기고 툰드라에 자리잡은 동물에는 어떤 것들이 있을까?

툰드라에는 북극곰 외에도 순록, 사향소, 북극토끼, 북극여우, 레밍이라고도 알려져 있는 나그네쥐 등 67종의 포유동물이 살고 있다(표 2-1). 전 세계에 약 5400종[1]의 포유동물이 살고 있는 것과 비교하면 북극 툰드라의 생물다양성은 매우 낮은 편이다. 그나마 대부분은 북극에서도 저위도 북극에서 살아가고 북극여우, 붉은여우, 회색늑대 정도가 고위도 북극을 거주지로 삼고 있다. 새의 생물다양성은 더 떨어진다. 전 세계 8600여 종의 새 중에서 고위도 북

분류	북극에서 발견된 생물(종수)	지구상 해당 분류 생물종수 대비 비율	주요 북극 생물종 (종수)
육지에 사는 포유류	67	1%	18
북극 육지와 민물에서 짝짓기를 하는 조류	154	2%	81
양서류와 파충류	6	<1%	0
북극 육지와 민물에 사는 무척추동물	>4,750	-	-

표 2-1 지금까지 보고된 북극에서 발견된 동물 종

극에서 겨울을 나는 새는 얼마 되지 않는다. 여름철 번식을 위해 북극에 들르는 철새도 70여 종에 불과하다. 곤충은 거의 전멸 수준이다. 곤충은 전 세계에 백만 종[2]이 넘는 것으로 추정되고 아마존 밀림의 나무 한 그루에서만 해도 수십 개의 새로운 종이 발견되는데, 북극에서는 겨우 600여 종이 살고 있다.

포유류 중에는 북극여우와 같이 북극의 어느 지역에서나 볼 수 있는 동물이 있는가 하면(그림 2-1), 북극토끼나 사향소처럼 일부 지역에서만 볼 수 있는 동물도 있다(그림 2-2). 몸무게로 볼 때는 손바닥에 올려놓을 정도(25~250그램) 되는 나그네쥐나 들쥐가 있는가 하면, 어린아이 몸무게 정도(0.5~35킬로그램) 되는 비버나 눈신토끼도 있고, 어른 열 명 무게(40~600킬로그램)에 육박하는 순록이나 북극곰, 사향소도 있다.

극지과학자가 들려주는 툰드라 이야기

그림 2-1

북극의 어느 지역에서나 볼 수 있는 북극여우. 겨울이 되기 전에 흰색으로 털갈이를 한다.

그림 2-2 북극의 일부 지역에서만 볼 수 있는 사향소

　어떤 동물은 계절에 따라 초원이나 풀이 많은 습지를 찾아 한대 지역까지 이동하기도 한다. 이렇게 이동하는 순록의 경우 새끼를 낳는 지역이 매우 제한돼 있다. 질 좋은 먹이를 구할 수 있고, 포식자의 위험이 적어 어린 새끼의 생존율을 높일 수 있는 곳을 찾기 때문이다.

　툰드라 생물은 긴 겨울을 견디고 짧은 여름을 보낸다. 게다가 여름이 끝나기도 전에 급하게 다가오는 겨울을 준비해야 한다. 목도리나그네쥐에게는 눈을 파는데 필요한 긴 발톱이 자라고, 북극여우는 털갈이를 한다. 북극여우는 사냥하기 어려운 겨울을 대비해

나그네쥐를 식량창고에 저장해 놓는다. 해가 지지 않는 여름밤에 돌아다니던 설치류는 단 며칠 만에 낮에 돌아다니는 생활로 행동을 바꾼다.

짝짓기 하러 오는 철새, 툰드라에 눌러 앉은 텃새

북극까지 올라오는 새가 많은 것은 아니지만, 툰드라는 철새가 짝짓기를 하고 새끼를 키우는 장소이기도 하다(그림 2-3). 여름철에 먹이가 폭발적으로 늘어나고 포식자의 위협

> 북극 툰드라까지 날아와 짝짓기를 하고 새끼를 낳고 키우는 철새들이 있다. 여름에는 먹이가 많은 반면, 포식자가 적기 때문으로 알려져 있다.

이 비교적 적기 때문에, 툰드라에는 단골손님이 모이는 가게 같은 철새 서식지가 많다. 어떤 철새는 호주와 칠레, 남아프리카공화국

그림 2-3

북극 다산과학기지 주변에 살고 있는 북극제비갈매기와 세가락갈매기

같은 남반구에서 먼 여행을 하기도 한다. 그러나 북극 철새 중에서도 고위도 북극까지 오가는 새는 기러기류, 도요새류, 참새류에 불과하다.

계절 변화가 심하기 때문에 북극 철새에게는 시기를 잘 맞추는 것이 매우 중요하다. 눈이 녹는 시기가 조금이라도 늦어지거나 먹이가 조금만 더 빨리 번성해도 철새는 숫자가 줄어든다. 또한 북극 철새는 새끼를 돌보는데 날씨의 영향을 상당히 많이 받는다.

북극 철새들은 겨울이 다가오면 대부분 따뜻한 곳을 찾아 남쪽으로 간다. 하지만 툰드라를 떠나지 않고 이곳에서 살아가는 새도 있다. 북극비둘기조롱이, 북극홍방울새, 털발말똥가리, 흰멧닭, 흰멧새, 흰올빼미는 북극에서 새끼를 낳을 뿐 아니라 추운 겨울에도

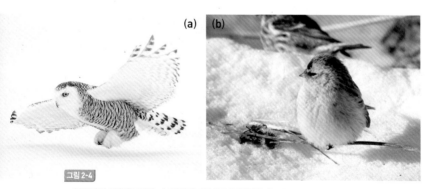

(a) (b)

그림 2-4

북극에서 겨울을 보내는 (a)흰올빼미와 (b)북극홍방울새

극지과학자가 들려주는 툰드라 이야기

북극에 남아 겨울을 난다(그림 2-4). 한편 다른 지역에서는 살지 않고 북극에서만 사는 고유종도 있다. 바위멧닭과 흰멧새는 북극과 아북극에서만 살아간다. 포식자가 다양하지 않은 북극에서 흰올빼미나 털발말똥가리와 같은 새는 툰드라 먹이 그물의 상위 포식자로서 중요한 역할을 하기도 한다.

우리나라에도 북극을 오가는 철새가 있다. 가창오리, 고니, 두루미, 쇠기러기, 청둥오리가 툰드라에서 날아와 우리나라에서 겨울을 나는 철새들이다. 이 북극 철새는 툰드라에 도착하면 5~6주 정도 되는 짧은 시간동안 알을 낳고 털갈이를 하고 새끼들을 키운 뒤 다시 남쪽으로 날아간다.

변온동물은 거의 없다

북극에는 주위환경에 따라 온도가 변하는 변온동물인 양서류나 파충류는 거의 없다. 오직 다섯 종류의 양서류와 한 종류의 파충류만이 북극에서 발견되었다. 네발가락도롱뇽과 네 종류의 개구리(무어개구리, 숲개구리, 시베리아숲개구리, 유럽잔디개구리), 그리고 태생도마뱀이 북극에 살고 있다. 물고기가 알과 어린 유생을 잡아먹기 때문에 이들은 물고기가 없는 물에서 짝짓기를 한다. 따라서 물고기가 없던 서식지에 물고기가 들어오게 되면 북극 양서류의 개체수는 감소하고 만다. 북극의 양서류나 파충류는 각각의 개체군이 작은 지역에 고립되어 살고 있는데, 각 개체군의 크기가 그리 크지 않기 때문에 환경이 조금만 변해도 큰 영향을 받을 수 있다.

툰드라 토양이나 민물에 사는 무척추동물은 무척 다양해서 윤형동물, 선형동물, 편형동물, 환형동물, 완보동물, 진드기와 거미, 톡토기와 곤충, 물벼룩과 요각류, 갑각류 등이 있다(그림 2-5). 이들은 이끼나 지의류, 식물에 붙어서 살기도 한다. 이 중 완보동물은 공기 중의 수분조차 얼어붙는 건조한 겨울철에 물을 빼앗기면, 천천히 쪼그라들면서 작은 알갱이처럼 말라버린다. 이들은 이런 건조 상태로 이듬해 다시 물을 만날 시간을 기다린다.

북극에 사는 완보동물은 춥고 건조한 겨울에는 몸 안의 수분을 빼버려 몸이 어는 것을 막는다. 따뜻하고 습기 많은 때가 올 때까지 수십년을 견디기도 한다.

간혹 다시 움직일 때까지 수십 년을 이 상태로 견디기도 한다.

변변한 외투 하나도 걸치지 못한 채 북극 무척추동물은 어떻게 영하 30~40도의 추운 겨울을 견디고 살아남을까? 툰드라의 무척추동물은 지금까지 큰 관심을 받지 못한 채 살아 왔다. 하지만 이들은 툰드라에 둥지를 트는 새들의 먹이가 되고, 물질을 분해하며, 영양물질과 에너지 순환에 참여하고, 식물의 꽃가루받이를 하는 등 다양한 역할을 한다. 한마디로 이들은 툰드라 생태계를 건강하게 유지시켜 주는 작은 거인들이다.

그림 2-5

북극 툰드라에 살고 있는 곤충들

2 사람보다 빠른 북극곰과 사향소

극지연구소에서 북극을 연구한다고 하면 십중팔구는 "북극곰은 보셨어요?"라는 질문이 돌아온다. 사람보다 북극곰이 더 많이 사는 스발바르에 다섯 번이나 다녀오고도 아직 북극곰을 보지 못했다고 대답하면, 대개 자신의 일인 양 무척 아쉬워한다. "아유, 북극

그림 2-6

해빙 위를 걸어가는 북극곰

곰을 한번 봤으면 좋았을 텐데…” 그런데 정말 북극곰을 만났어야
했을까?

　사실 동물의 왕국에서 북극곰은 최근에야 우리에게 알려졌다. 갓
태어난 북극곰 새끼의 몸무게는 450그램 정도로 사람의 갓난아기
보다 작다. 하지만 다 자란 북극곰의 몸무게는 암컷이 160~340킬
로그램, 수컷은 250~770킬로그램이나 나간다. 코끝에서 꼬리 끝
까지 길이는 1.7~2.5미터 정도이고, 아주 몸집이 큰 수컷은 일어섰
을 때 키가 거의 3~4미터에 달하기도 한다.

우리는 곰을 뚱뚱하고 둔하다고 생각한다. 오죽하면 '미련 곰퉁이'라는 말이 다 있을까! 하지만 우리의 생각과 달리 곰은 아주 민첩하다. 걸어 다닐 때는 보통 한 시간에 5.6킬로미터를 가는데 이것은 사람의 평균 보행 속도인 시속 5킬로미터보다 빠른 것이다. 달리기도 아주 잘해서 한시간에 30킬로미터를 달릴 수 있다[3]. 100미터를 12초에 달리는 셈이다.

> 북극곰은 100미터를 12초에 주파할 정도로 민첩하고 재빠르다.

북극곰의 학명은 *Ursus maritimus*로 종 이름 *maritimus*에서 보는 것처럼 바다와 친한 동물이다. 겨울철 북극해가 얼면 해빙海氷. **sea ice** 위를 돌아다니며 반달무늬물범과 그 새끼를 잡아먹는다(그림 2-6). 사냥을 위해 헤엄도 잘 친다. 북극곰은 끈기 있는 수영 선수여서, 어떤 북극곰은 추운 베링 해를 9일 동안 수영하여 690킬로미터를 이동하기도 했다[4]. 봄이 되면 엄청나게 먹이를 먹어대다가 여름철 해빙이 녹으면 북극곰은 툰드라 내륙으로 들어가 체내지방으로 버티며 여름이 끝나기를 기다린다. 다른 곰들이 먹이가 없는 겨울철에 겨울잠을 자며 체내지방으로 버티는 것과 정반대다.

> 북극곰은 겨울에는 해빙 위를 돌아다니며 물범을 잡아먹는다. 여름에는 툰드라 내륙으로 들어가 여름이 끝나기를 기다린다.

다만 임신을 한 암컷의 경우는 겨울에 굴속에 들어가 잠을 자는데 일반 곰들처럼 체온이 변하는 겨울잠이라기보다는 가끔 잠에서 깨기도 하는 얕은 잠을 잔다.

그렇다면 북극곰은 어떻게 생겨난 것일까? 과학자들은 갈색곰

북극곰은 갈색곰이 북극에 살면서 변한 것으로 알려져 있다.

한 무리가 시베리아에 살면서 북극곰이 되었을 것으로 보고 있다. 실제로 북극곰과 갈색곰은 서로 교배하여 자손을 낳을 수 있고, 그 자손들도 다시 교배가 가능하다[5]. 한마디로 생식적인 격리가 일어나지 않았다. 하지만 둘 사이에 분명 차이는 있다. 갈색곰은 육지에서 살지만 북극곰은 해빙을 주요 생활무대로 삼는다. 갈색곰은 벌통을 뒤지고 애벌레나 곤충을 먹으며 식물의 꽃과 잎, 열매에 버섯까지 먹는 잡식성이지만, 북극곰은 육식성이다. 그래서 북극곰은 고기를 자르는 작은 어금니를 갖고 있지만, 갈색곰은 그보다 식물을 씹는데 적당한 짧은 어금니를 갖고 있다. 북극곰은 헤엄치기에 적당하게 부분적으로 물갈퀴도 있다. 한마디로 북극곰은 갈색곰과 같은 종은 아니지만 아예 남이라고 할 수 없는 먼 친척 관계다[6].

북극곰은 어떻게 혹독한 북극에서 살아남았을까? 북극곰은 외부 기온이 내려가면 물질대사를 활발하게 해서 체온을 35~36도로 맞춘다. 심지어 태어난지 얼마 안 되는 새끼도 기온 변화에 대응하여 자신의 물질대사를 조절할 줄 안다[7]. 물론 이런 연구 결과는 실험실의 통제된 환경에서 이루어졌기 때문에* 북극 해빙 위에서의

---

* 바람 한 점 없는 실험실 안에서 러닝머신을 위를 걸으며 측정한 결과가 차가운 바람을 맞으며 해빙 위를 뛰어 다니는 야생의 북극곰의 생명현상을 정확하게 반영할 수는 없을 것이다.

극지과학자가 들려주는 툰드라 이야기

물질대사와 같다고 볼 수는 없다. 추운 날 강한 바람이 분다면 북극곰은 바람을 맞으며 돌아다니기 보다는 언덕 옆이나 임시 굴에 몸을 숨겨 체온을 유지할 것이다.

북극곰은 어떻게 영하의 찬바람 속에서도 체온을 유지할까? 두터운 지방이 단열재처럼 바깥의 찬 기온을 막아 주기 때문이다. 여

> 북극곰은 피부 아래 두터운 지방층이 있어 바깥의 찬 기운이 몸 안으로 들어오는 것을 막을 수 있다.

기에 검은색으로 된 가죽과 투명한 두 겹의 털이 햇빛을 조금이라도 더 흡수해서 체온을 보태준다. 투명한 수증기로 이루어진 하늘의 구름이 하얗게 보이는 것처럼, 북극곰도 투명한 보호털에 햇빛이 반사되어 아이보리색을 띤다. 북극곰은 단열 효과가 너무 뛰어나서 열을 감지하는 적외선 사진에 얼굴과 발만 잡히고 몸통은 잘 잡히지 않는다[8]. 하지만 자외선 사진을 찍으면 보호털들이 햇빛의 짧은 파장 에너지를 흡수하여 북극곰은 검은색으로 보인다.

북극곰은 지방층과 털의 단열효과 때문에 활동을 많이 하면 체내 온도가 올라가기도 한다[9]. 이럴 때는 북극곰의 얼굴(특히 코)과 다리(특히 발바닥)를 통해 열을 내보낸다. 하루 종일 햇빛이 몸을 데워주는 백야 시기에는 여름잠을 자기 위해 굴을 파는데, 아예 차가운 영구동토층까지 파 내려가기도 한다. 출산을 앞둔 북극곰은 눈 속에 굴을 파는 데, 강한 바람에 눈이 날아가거나 눈사태에 파묻히지 않도록 신중하게 자리를 잡는다. 눈의 두께를 조절하여 온

도를 0도 가까이 일정하게 유지하면서도 눈벽을 통해 산소와 이산화탄소가 교환돼 굴 안의 산소 농도가 적절하게 유지되도록 한다. 한마디로 예비 엄마 북극곰은 뛰어난 건축가인 것이다.

빛이 없어도 먹이를 찾을 수 있는 사향소

사향소는 빙하기를 견뎌낸 강인한 동물이다(그림 2-7). 사향소와 함께 살았던 매머드나 북아메리카낙타는 빙하기를 이기지 못하고 멸종했다. 사향소는 아주 느긋한 동물이기도 하다. 그린란드 자켄버그에서 지평선 저편으로 갈색의 물체 몇 개가 몇 시간 뒤에 보아도 거의 같은 자리에 있기에 바위인줄 알았는데, 나중에 보니 느릿느릿 움직이는 사향소였다. 가끔은 거대하고 둔해 보이는 몸집으로, 접근하기 어려워 보이는 상당히 가파른 언덕을 내려가 계곡 물가를 어슬렁거리기도 했다. 한없이 여유로워 보이는 사향소도 긴급한 상황이 되면 시속 60킬로미터의 속력으로 달릴 수 있다.

사향소의 학명, *Ovibos moschatus*는 사향 냄새가 나는 양 모양의 소라는 뜻이다. 하지만 사향소에는 사향주머니가 없다[10]. 다만 사향소 수컷이 발정기 때 사향과 비슷한 냄새가 나는 물질을 오줌과 함께 내보낸다. 사향 냄새를 내는 물질은 감마락톤의 한 종류인 것으로 알려져 있다. 사향 냄새는 자기가 강하다는 것을 과시

사향소 수컷은 사향냄새가 나는 물질을 분비한다. 사향냄새는 자기가 강하다는 것을 과시하는 행동으로 본다.

극지과학자가 들려주는 툰드라 이야기

하는 행동으로 해석된다.

사향소에서는 무엇보다 단단한 뿔과 길게 늘어진 보호털이 가장 먼저 눈에 띈다. 사향소의 뿔은 나이테와 같다. 뿔의 모양에 따라 성별과 나이를 알 수 있기 때문이다. 그래서 그린란드 자켄버그에서 사향소를 관찰하는 연구원들은 암컷과 수컷의 연령별 뿔 모양을 종이에 인쇄해서 들고 다녔다. 사향소 무리를 방해하지 않도록

그림 2-7

알래스카 초원에서 한가롭게 풀을 뜯어 먹고 있는 사향소

먼발치에서 망원경으로 이들을 관찰하며 한 무리에 몇 살짜리 암컷과 수컷이 있는지 조사하는 것이다.

거대한 몸집의 사향소는 초식동물이다. 북극버들이나 이끼, 풀을 먹는다. 식물의 양이 많지 않은 툰드라에서 풀과 작은 나무만 먹고도 180~410킬로그램이나 나가는 몸무게를 유지한다는 것이 신기할 따름이다. 사향소는 다이어트를 하다가 요요현상을 경험하는 사람처럼 계절에 따라 몸무게가 달라진다. 사향소 수컷의 경우 풀을 뜯어 먹는 여름 두 달은 몸무게가 늘지만, 가을과 겨울 6개월 동안은 몸무게가 서서히 줄어든다. 사향소는 이중망막을 갖고 있어 빛이 없는 겨울에도 먹이를 찾으러 돌아다닐 수 있다. 한편 사향소의 가장 큰 천적은 북극늑대이고, 간혹 사향소 새끼가 북극곰에게 잡혀 먹히기도 한다.

북극곰과 마찬가지로 사향소도 체온을 거의 일정하게 유지한다. 길게 늘어뜨린 사향소의 털은 열을 차단하는 효과가 매우 뛰어나서 외부로 체온을 빼앗기지 않는다. 사향소 등에 눈이 쌓여도 녹지 않는 이유가 바로 체온이 바깥으로 전달되지 않기 때문이다. 사향소의 보호털 안쪽에는 길이 5센티미터의 아주 빽빽하게 나는 속털이 있다. 털이 워낙 풍성하게 나 있어서 사향소는 원래 몸집보다 더 커 보인다.

사향소의 등에는 빽빽한 털이 길게 늘어뜨려져 있다. 체온이 바깥으로 나가는 것을 막는 것이다. 사향소의 등에 눈에 쌓여도 체온에 의해 눈이 녹지 않을 정도로 이 털들은 단열효과가 뛰어나다.

극지과학자가 들려주는 툰드라 이야기

위기의 북극곰

북극곰은 기후 변화 영향으로 해빙이 녹으면서 개체수가 감소하는 대표적인 북극 동물이다[11]. 과학자들이 캐나다 북부 보퍼트 해에 사는 북극곰을 잡아 꼬리표를 달아서 풀어준 뒤 이들을 추적해왔다. 그 결과 특히 2004년부터 2006년까지 북극곰 생존율이 낮아져서 2004년 약 1600마리에 달하던 북극곰이 2010년에는 약 900마리로 감소했다. 1980년대에도 이 지역에는 1800마리의 북극곰이 살았던 것으로 기록돼 있어 그때에 비하면 반으로 줄어든 것이다. 일반적으로 북극곰 새끼의 생존율은 약 50퍼센트에 달한다. 그

그림 2-8

녹조가 몸에 자라서 녹색으로 보이는 동물원의 북극곰

러나, 2004년부터 2007년까지 새끼 북극곰을 추적 관찰한 결과, 80마리 중 단 2마리만이 살아남아 충격을 주기도 했다. 북극곰이 이 지역에서 이렇게 감소한 이유는 사냥터가 되는 해빙이 녹아서 사라졌기 때문인 것으로 보고 있다. 과학자들은 북극곰의 감소 추세로 볼 때 캐나다 북극에서는 2100년이 되면 북극곰이 굶어 죽거나 더 이상 자손을 낳지 못할 것이라고 예측하고 있다[12]. 전문가들은 이런 충격적인 상황을 "새끼 없는 세상"이라고 말한다.

간혹 녹색 북극곰*이 뉴스에 나오는데(그림 2-8), 이것은 동물원 수영장에 사는 녹조류 때문인 것으로 알려져 있다[13]. 북극에서는 북극곰 털에서 미세조류가 자라지 않는데 유독 동물원 북극곰에서는 조류가 자라는 것은 무엇 때문일까? 아마도 동물원에서는 물이 고여 있고 북극보다 온도가 높아 녹조류가 자란 것 같다. 이뿐 아니라 동물원에 갇힌 북극곰은 이상 행동을 하거나 뇌질환을 앓다가 수영장에 빠져 죽기도 한다. 그러자 유럽에서는 북극곰 사육과 전시를 중단하는 쪽으로 방향을 잡았다. 광활한 북극 해빙을 터전 삼아 살던 북극곰에게 동물원의 좁은 우리는 너무 가혹한 환경이 아닐는지.

---

* 1978년 미국 샌디에고동물원, 2004년 싱가포르동물원, 2008년 일본 히가시야마동물원에서 녹색 북극곰이 보고되었다.

3 순록과 순록이끼

순록*은 산타 할아버지의 썰매를 끄는 루돌프 사슴으로 잘 알려져 있다. 순록에는 다양한 아종亞種, subspeies이 있고 이들 사이의 관계는 아직 확실한 결론이 나지 않은 상태다[14]. 툰드라에 사는 순록으로는 알래스카와 캐나다 유콘주에 사는 그랜트순록, 캐나다 북극과 그린란드 서부에 사는 황무지순록, 캐나다 고위도 북극에 사는 피어리순록, 러시아 노바야젬랴에 사는 노바야젬랴순록, 스발바르에 사는 스발바르순록(그림 2-9), 러시아 툰드라에 사는 시베리아툰드라순록, 스칸디나비아 고산지대에 사는 고산순록이 있다.

툰드라 순록은 계절에 따라 이동한다. 특히 황무지순록은 타이가 부근까지 수백 킬로미터를 여행해서 겨울철 보금자리를 찾아간다. 순록이 여름철 북쪽으로 이동하는 것은 포식자인 늑대를 피하는 행동인 것 같다. 이들은 여름철 툰드라 풀밭에서 새끼를 낳고 수만에서 수백만 마리가 무리지어 월동 준비를 위해 천천히 남쪽으로 내려온다. 이때 이들은 점점 더 작은 무리로 나뉘어져서 마치 강물이 여러 갈래로 흘러 내리 듯 흩어진다. 순록은 꽤 노련한 수영 선수이기도 해서 오가는 길에 넓은 강이나 호수를 만나도 주저

---

* 순록은 유럽에서는 reindeer, 미국과 캐나다에서는 caribou로 불린다. 둘 다 같은 종에 속하지만 종보다 아래 수준인 아종에서 어떤 아종은 reindeer, 다른 아종은 caribou로 불리고 있다. 여기서는 둘 다 순록이라고 이름 붙였다.

그림 2-9 다산기지 주변에 사는 스발바르순록

없이 건넌다.

순록은 사향소와 함께 북극 원주민들에게 훌륭한 식량이기도 하고, 따뜻한 겨울옷을 제공해주는 중요한 자원이기도 하다. 지금도 스칸디나비아와 알래스카에서 순록은 인기 있는 음식이어서, 순록 미트볼 통조림이나 소시지가 상점에서 팔린다. 산타 마을이라고 불리는 핀란드 북쪽 라플란드에서는 순록 소테가 최고의 음식이다. 핀란드 헬싱키에서 열린 학회에 참석했을 때 순록 스테이크와 미트볼을 맛볼 기회가 있었는데, 쇠고기와 맛이 비슷했다. 순록은 말리거나 소금에 절이거나 훈제를 해서 보관된다. 고기뿐만 아니라

간이나 내장도 전통 요리에 이용된다. 순록의 사진을 보고 이미 눈치 챘겠지만, 순록의 뿔은 녹용처럼 건강보조제로 팔리기도 한다.

순록은 겨울에 지의류를 먹고 산다. 온 세상이 눈으로 덮여 더 이상 먹을거리가 보이지 않을 때 순록은 하얗게 덮인 눈을 파고 땅 위의 지의류를 찾아낸다. 순록은 사슴지의속屬과 나무지의속에 속하는 지의류를 먹고 산다. 그냥 사슴지의와 나무지의를 먹고 산다고 하면 쉬울 텐데 군이 '속하는 지의류'라고 쓴 것은, 사슴지의속에 거의 200개에 달하는 종種과 나무지의속에 50개가 넘는 종이 있는데 그중의 일부만 먹기 때문이다. 순록이 먹는 지의류 중에서 유사짚사슴지의와 사슴지의를 사람들은 '순록이끼'라고 불러 왔다. 이들은 지의류이므로 '순록이끼'는 당연히 잘못된 이름이다. 마치 버섯을 두고 감자라고 부르는 것과 같다. 순록이끼가 잘못된 이름이라는 것을 알아서 그런지 최근에는 순록지의류라는 이름으로도 불리고 있다(그림 2-10).

물론 순록이 지의류만 먹고 사는 것은 아니다. 키가 작은 버드나무류와 자작나무류, 그리고 사초와 잔디 종류의 풀을 먹고 산다. 스발바르에 사는 순록의 배설물에서 DNA를 추출하여 순록이 먹는 먹이를 조사한 결과, 지의류(나무지의속과 사마귀지의속) 이외에도 북극콩버들과 자주범의귀와 같은 식물을 먹는 것으로 나타났다[15].

기후 변화로 겨울철 온도가 높아지면서 눈의 표면이 살짝 녹았

그림 2-10

순록이 좋아하는 먹이인 순록지의류

다가 다시 얼거나 비가 온 뒤 눈이 다시 얼면서 순록이 지의류를
찾는 일이 어려워지고 있다. 한편 알래스카에서는 순록의 먹이가
되는 지의류가 줄어들고 있다고 한다[16]. 지의류가 줄어들면 순록은
더욱 고달프고 배고픈 겨울을 보내게 될 것이다. 지의류를 대신할
먹이를 찾지 못한다면 지의류와 함께 순록도 감소할지 모른다(그
림 2-11). 실제로 피어리순록은 조사를 시작한 1960년대부터 개체
수가 계속 감소하고 있어 위험수준에 와 있기도 하다[17]. 기후 변화
는 순록의 먹이에 대한 접근성뿐만 아니라 이동, 벌레에 의해 야기
되는 문제 등 여러 측면에서 순록의 생존, 생식에 영향을 줄 수 있

극지과학자가 들려주는 툰드라 이야기

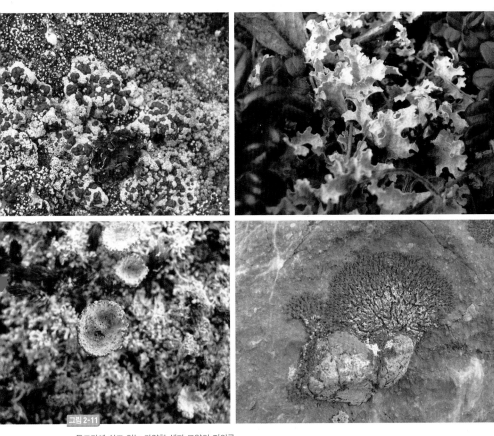

그림 2-11

툰드라에 살고 있는 다양한 색과 모양의 지의류

다. 그러나 현재의 기후변화는 환북극지역에 살고 있는 순록이 적응하기에는 너무 빠른 속도인 것 같아 순록의 미래가 걱정된다.

지의류는 언뜻 보면 식물처럼 보이지만 식물이 아니다. 지의류는 곰팡이와 같은 균류가 녹조류와 같은 광합성 생물과 함께 살아가는 공생생물체다. 우리가 평소 도시에서는 잘 보지 못하던 지의류를 북극에 가면 자주 볼 수 있다. 지의류는 북극의 토양을 안정화시키고 토양에 유기물을 제공하며, 일차생산자로서 북극 생태계를 유지하는 매우 중요한 생물이다.

균류 전체 약 6만 4천 종에서 21퍼센트가 지의류로 살아간다. 지의류로 살아가는 균류에는 곰팡이와 같은 자낭균이 대부분이지만, 버섯과 같은 담자균도 몇 종류 있다. 지의류로 살아가는 균류는 독립적으로 살아가는 균류와 세포의 구조와 생식세포의 특징이 거의 같다. 지의류가 균류와 다른 유일한 차이점은 광합성 생물과 공생 관계를 유지한다는 것이다. 그런데 이런 공생 관계는 매우 안정되어 있어, 지의류의 형태나 생물학적인 특징이 자손에게 그대로 유전된다. 그렇다면 지의류를 균류로 볼 것인가? 아니면 조류로 볼 것인가? 지의류를 연구하는 학자들은 지의류를 '특수한 영양 방법을 가진 균류'라는 의견을 널리 받아들이고 있다.

지의류에서 광합성을 담당하는 공생생물은 약 100여 종이 알려져 있다. 대표적인 것으로 단세포 녹조류인 트레복시아속, 가는 실모양의 사상체 녹조류인 오랑캐꽃말속, 남세균인 구슬말속이 있다. 지의류의 색은 공생하는 광합성 생물에 주로 영향을 받는다. 예를 들어 트레복시아가 공생하면 녹색, 오랑캐꽃말이 공생하면 황록색, 구슬말이 공생하면 청갈색 또는 청록색을 띤다.

지의류는 열대우림에서 사막까지, 남극에서 북극까지, 논바닥에서 에베레스트 고산지대까지 거의 모든 육상 환경에서 살고 있다. 지의류는 북극에도 널리 분포하고 있으며(표 2-2), 우리나라 다산 과학기지 주변에는 사슴지의 외에도 깔대기지의, 영불지의 등이 살고 있다. 이렇게 다양한 환경에서 살 수 있는 것은 건조한 환경을 잘 견디는 특성 때문이다. 종에 따라 최소로 필요한 수분양이 다르지만 지의류는 대부분 체내 수분이 전체 무게의 10퍼센트 이하가 되어도 살 수 있다. 지의류는 건조해지면 광합성을 중단했다가 물을 흡수하면 광합성을 다시 시작한다. 온도가 영하로 내려가면 체내의 수분을 내보내 얼어붙지 않게 한다. 지의류는 이와 같이 건조와 물 흡수를 잘 조절하여 극한 환경에서도 살 수 있다.

	북극에서 발견되는 생물 종의 수	전세계 지의류 중 북극 지의류의 비율	주요 북극 생물 종의 수
지의류	약 1,750	10%	약 350
지의류가 아닌 균류	약 2,030	4%	-

표 2-2 지금까지 보고된 북극 툰드라에서 지의류의 숫자

3장

툰드라를
떠날 수 없는 이들

북극 툰드라는 기온이 매우 낮고 바람이 많이 붑니다. 대사활동을 제대로 할 수 없어 식물의 키가 작습니다. 매서운 바람을 피해 땅에 바짝 붙어 자라기도 합니다. 해를 볼 수 있는 시간이 짧아 태양의 움직임을 따라 움직이는 꽃도 있습니다. 자신의 몸 주위에 보송보송한 털을 만들어 차가운 바람이 들이치지 못하게도 합니다. 툰드라의 식물들은 이렇게 다양한 방법으로 추위와 바람을 버팁니다. 하지만 이곳도 역시 지구온난화로 기온이 조금씩 오르고 있습니다. 그러면서 식물의 종류와 형태도 바뀌고 있습니다. 대표적으로 나무는 없이 풀만 있던 툰드라에, 동토가 녹으며 관목이 자라는 곳이 하나둘 생기고 있다고 합니다. 툰드라의 식물은 변신중입니다.

엄마곰과 새끼곰이 툰드라 초원에 앉아 신기한 듯 꽃을 보고 있다.
순록은 초원에 돋은 풀을 먹는 중이다.

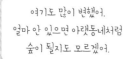

여기도 많이 변했어.
얼마 안 있으면 아랫동네처럼
숲이 될지도 모르겠어.

정말 여기는 올 때마다
꽃이 많아지는 것 같아요.
순록은 좋겠다. 먹을게 많아져서.

아니란다, 여기 식물 생태계가
바뀌고 있는지, 우리가 먹던
지의류가 많이 없어졌단다.

1 미생물, 툰드라의 진짜 주인

미생물을 한마디로 정의하기는 어렵다. 굳이 정의하자면 '맨 눈으로는 보이지 않아 현미경으로 봐야 하는 생물'이라고 할 수 있다.

지구상의 모든 생물은 분류체계에 따라 박테리아, 고세균, 진핵생물, 이 세 가지로 구분할 수 있다(그림 3-1). 진핵생물은 진짜 핵을 가진 생물이라는 뜻으로 현미경으로 세포를 관찰할 때 핵막이 있어 핵이 보이는 생물을 말한다. 박테리아와 고세균은 원핵생물이다. 원핵생물은 유전물질인 DNA를 감싸는 핵막이 없다. 핵막이 없으니 현미경에서 핵이 보이지 않는다. 박테리아와 고세균은 모두 원핵 미생물에 속한다. 한편 진핵생물 중에서 동물과 식물을 제외한 나머지 생물들은 대부분 진핵 미생물에 속한다. 그런데 같은 균류라도 곰팡이는 현미경 관찰이 필요해서 미생물에 속하지만, 버섯은 맨 눈으로 구분할 수

> 지구상의 모든 생물은 박테리아, 고세균, 진핵생물로 나눌 수 있다. 박테리아와 고세균은 핵막이 없는 원핵생물이고, 진핵생물에는 모든 동물과 식물을 비롯 원핵생물을 제외한 모든 미생물이 포함된다.

있어 미생물이라고 하기 어렵다. 또한 같은 녹조류라도 세포 하나로 구성된 미세조류는 미생물에 속하지만, 청각이나 파래와 같이 큰 개체는 미생물이라고 하지 않는다. 미생물은 너무나 다양한 생물이 포함되어 있는데다가, 같은 분류군 안에도 미생물인 것과 아닌 것이 함께 들어있기도 해서 분류학적으로 골치 아픈 용어다.

여기에서는 툰드라에 사는 박테리아와 고세균, 진핵 미생물에 대해 이야기한다. 숫자로 보면 미생물은 단연 북극의 최대 거주자

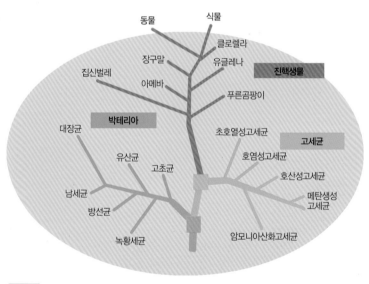

그림 3-1

지구상의 생물 중에서 미생물을 노란 원으로 표시했다. 동물과 식물을 뺀 나머지 모든 생물이 미생물에 속한다. 대표적인 생물 몇 가지를 예시로 들었다.

다. 툰드라 흙 1그램 속에도 미생물이 일억 마리나 살고 있으니 미생물은 툰드라의 진짜 주인이라고 할 수 있다. 사실 아직까지 얼마나 많은 미생물이 툰드라에 살고 있는지 모른다.

　많은 미생물들은 하나의 세포로 구성된 단세포 생물이다. 이들은 크기도 작고 모양도 단순해서 형태로 구분하기는 정말 어렵다. 종은 다른데 모양이 같은 경우가 너무 많기 때문이다. 그렇다면 이렇게 모양이 같은 미생물을 어떻게 구분할 수 있을까?

생긴 것은 같아도 유전자는 다르다

　다행히 미생물을 구분할 방법이 있다. 바로 유전자를 비교하는 것이다. 수많은 유전자 중에서 미생물을 분류할 때 사용하는 유전자는 SSU rRNA 유전자다. 세포 속에는 단백질을 합성하는 리보솜이 있다(그림 3-2). 어떤 생물이든 살아가기 위해서는 단백질이 필요하기 때문에 리보솜은 모든 생물에 존재한다. 이 리보솜은 두 개의 덩어리로 구성되어 있는데, 분자량이 큰 덩어리를 대단위체, 작은 덩어리를 소단위체라고 부른다. 리보솜은 단백질과 RNA로 구성되어 있는데, 소단위체에 들어 있는 RNA가 바로 SSU^Small ^SubUnit rRNA다. 이 유전자는 종마다 고유한 염기서열을 갖고 있기 때문에 이 유전자의 염기서열을 분석하면 종을 구분할 수 있다. 염기서열은 DNA나 RNA를 구성하는 염기가 나열되어 있는 순서를

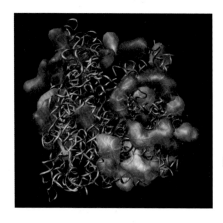

그림 3-2

대장균의 리보솜. 단백질은 회색,
16S rRNA는 파랑색으로 표시했다.

말한다. 예를 들어 우리 몸속의 대장균과 된장 속의 고초균은 서로
다른 SSU rRNA 염기서열을 갖기 때문에 염기서열로 서로 구분이
된다. SSU rRNA는 분자량에 따라 16S rRNA와 18S rRNA로 구분
되기도 하는데, 박테리아나 고세균과 같은 원핵생물은 16S rRNA
를, 곰팡이나 인간과 같은 진핵생물은 18S rRNA를 갖는다.

　한동안 박테리아를 직접 배양하여 툰드라에 사는 미생물을 분석
했는데, 이 방법으로는 툰드라 미생물 군집을 제대로 보여주지 못
했다. 미생물 중에 배양이 되는 미생물은 전
체 미생물의 1퍼센트도 되지 않아, 배양 방법
으로는 실제 자연환경에 살고 있는 미생물의
대부분을 찾을 수 없기 때문이다. 그래서 최

미생물을 구분할 때는 유전자
를 비교한다. 리보솜의 소단
위체에 있는 **RNA**를 분석하
면, 염기서열에 따라 어떤 종
류의 미생물인지 구분할 수
있다.

근에는 토양이나 연못의 물과 같은 환경 시료에서 DNA를 직접 뽑아 이곳에 살고 있는 미생물을 분석하기도 한다. 이렇게 환경 시료에서 DNA를 뽑아 염기서열을 분석하는 방법을 환경유전체metagenome 분석이라고 한다. 이때 염기서열을 한 번에 대용량으로 분석하는

배양이 가능한 미생물은 전체 미생물의 1퍼센트도 되지 않는다. 그래서 다양한 미생물을 찾기 위해, 미생물이 살고 있는 토양이나 물과 같은 환경시료에서 DNA를 뽑아 미생물을 분석하기도 한다. 이런 분석을 환경유전체 분석이라고 한다.

방법을 '차세대 염기서열 분석법Next Generation Sequencing, NGS'이라고 한다.

그런데 미생물이 워낙 다양해서 종 수준에서 똑같은 종류의 미생물이 살고 있는 곳은 세상에 단 한 군데도 없다. 심지어 바로 1센티미터 떨어진 곳의 흙에서도 서로 다른 종류의 미생물이 살고 있다. 하지만 보다 높은 분류체계에서 보면 미생물 분포에 어떤 경향을 볼 수 있다. 이를테면 토양의 pH가 다르면 그곳에 살고 있는 미생물의 종류도 달라진다(그림 3-3). 또한 소금이나 산소의 농도에 따라 미생물의 종류가 달라지기도 한다.

툰드라 토양에서 환경유전체를 분석해 보면, 문phyla 수준에서 박테리아는 알파프로테오박테리아, 아키도박테리아, 방선균, 녹만균이 많은 편이다. 고세균의 경우 툰드라 토양에 타움고세균과 유리고세균이 많다. 종species 수준에서 볼 때 툰드라에는 수천 종 이상의 원핵 미생물이 살고 있으며, 이들 대부분은 아직 우리가 잘

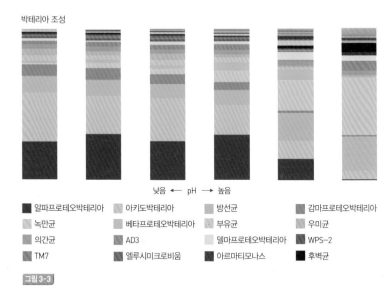

박테리아 조성

낮음 ← pH → 높음

- ■ 알파프로테오박테리아
- □ 아키도박테리아
- ■ 방선균
- ■ 감마프로테오박테리아
- □ 녹만균
- □ 베타프로테오박테리아
- ■ 부유균
- ■ 우미균
- ■ 의간균
- ■ AD3
- □ 델마프로테오박테리아
- ■ WPS-2
- ■ TM7
- ■ 엘루시미크로비움
- ■ 아르마티모나스
- ■ 후벽균

그림 3-3

알래스카 툰드라 토양에 사는 박테리아의 상대빈도. 낮은 pH에서 많은 수를 차지하던 알파프로테오박테리아나 아키도박테리아는 pH가 1 정도만 높아져도 급격하게 줄어든다. 반면 방선균이나 녹만균은 pH가 높아지자 더 많아졌다.

알지 못하는 생물들이다. 이들은 토양 유기물을 분해하여 탄소나 질소, 인과 같은 물질 순환에 중요한 역할을 한다.

툰드라 토양에는 균류, 미세조류, 원생동물과 같은 진핵 미생물도 살고 있다. 툰드라 토양에 사는 균류로는 호상균, 접합균, 취균이 있다. 이밖에도 우리가 흔히 곰팡이라고 부르는 자낭균과 버섯이라고 부르는 담자균이 있다. 이들은 툰드라 토양에서 분해자 역할을 한다. 미세조류로는 녹조류, 규조류, 윤조류가 툰드라 토양에서 살고 있다. 이들은 식물이 살기 어려운 툰드라 환경에서 광합성을 하며 일차생산자 역할을 하고 있다. 툰드라에서 관찰된 원생동물로는 아메바, 섬모충, 육질편모충, 정단복합체충 등이 있다. 이밖에도 선형동물과 같은 작은 동물도 툰드라 토양의 주민이다.

미생물은 환경변화의 영향을 받는다. 토양의 수분이 증가하고 온도가 높아지면 미생물은 활성화되어 물질대사가 더욱 활발해진다. 최근에는 환경 시료에서 RNA를 뽑아서 그 환경에서 실제 발현되는 유전자를 분석하는 방법이 개발되었다. 이런 분석을 통해 동토가 녹을 때 미생물 종류와 물질대사가 어떻게 달라지는지 분석하기도 한다. 예를 들어, 동토가 녹거나 구조토가 붕괴되어 생기는 연못에서는 이산화탄소나 메탄과 같은 온실기체가 방출된다. 이것은 산소 농도가 낮아진 물 속에서 혐기성 미생물인 메탄생성균이 메탄을 합성하기 때문이다. 이때 생성된 메탄은 메탄소비균에 의해 산화되어 이산화탄소로 바뀌기도 한다. 현재까지의 연구로 볼 때 식물이나 동물보다는 미생물이 앞으로 툰드라 생태계 변화에 더 민감하게 반응할 것으로 보인다.

생명의 싹, 검은 피각

툰드라 지역에서는 종종 생명체가 없어 보이는 황량한 땅에 모카빵 껍질과 같은 얇은 막이 토양의 표면을 덮고 있는 것을 볼 수 있다. 이를 '생물학적 토양 피각biological soil crust, BSC'라고 부르며, 주로 검은색을 띄고 있어 '검은 피각black crust'이라고 부르기도 한다(그림 3-4). 생물학적 토양 피각은 남세균, 곰팡이, 지의류, 이끼가 함께 모여 살고 있는 작은 생태계다. 주로 건조한 지역에서 나타나며, 빙하가 녹은 후 토양이 만들어지는 초기에 관찰된다.

생물학적 토양 피각은 오랜 건조 기간, 극한의 온도, 강한 빛에 견딜 수 있으므로 극한 환경에서 잘 생존할 수 있다. 생물학적 토양 피각이 얇은 막을 형성하는 것은 생물들이 분비한 다당류나 실 모양의 남세균에 의해 토양 입자들이 서로 뭉치기 때문이다. 이렇게 토양을 고정해 주기 때문에, 생물학적 토양 피각은 토양의 형성과 안정화를 돕고 토양 침식을 막아준다. 또한 생물학적 토양 피각 아래에는 주변의 척박한 환경과 달리 영양물질이 있기 때문에 다양한 생물들의 서식처가 되기도 한다.

생물학적 토양 피각은 대기 중의 질소와 이산화탄소를 고정할 수 있다. 생물학적 토양 피각이 생기는 지역은 대부분 매우 척박하므로, 생물학적 토양 피각의 이런 생산성은 그 지역 생태계에 중요한 역할을 한다. 생물학적 토양 피각은 영양분이 풍부한 먼지를 붙잡아 식물 생장을 돕거나, 토양에 부족한 양분을 공급하고 토양의

그림 3-4

스발바르 제도에서 토양을 덮고 있는 생물학적 토양 피각

수분 보유 능력을 높이는 데도 도움을 준다.

툰드라의 여러 지역에서 온도가 올라가고 있는데, 생물학적 토양 피각의 생리작용은 온도에 매우 민감하게 반응한다. 고위도 북극 지역에서 온도가 증가하면 생물학적 토양 피각의 생산성이 급속히 감소한다는 연구결과가 있다[18]. 북극 지역의 생물학적 토양 피각은 기후 변화와 교란에 매우 취약하고 회복 속도도 매우 느리므로, 많은 관심이 필요하다.

2 툰드라에도 꽃은 핀다

"북극에도 꽃이 있나요?"

'북극'이라고 하면 흔히들 차가운 북극 바다와 거대한 빙산을 떠올린다. 그래서 그런지 툰드라 식물을 이야기하면 무척 생소하게 여긴다. 물론 북극해는 대부분 얼음으로 뒤덮여 있다. 하지만 그린란드처럼 빙하에 덮여 있는 경우를 제외하면 북극의 대부분의 육지에서 식물이 살아간다.

북극 툰드라에는 약 3000종 이상의 식물이 살고 있다(표 3-1). 지구상에 사는 식물 전체 종수의 1퍼센트도 되지 않는 식물종만이 북극에 살고 있다. 북극 툰드라에서 살고 있는 식물 중에는 북극이나 고산지대에서만 자라는 식물도 있지만, 온대지역까지 널리 자라는 식물도 있다. 어떤 툰드라 식물은 우리나라 고산지대에서도 자라고 있다(그림 3-5).

북극은 태양 에너지가 적게 들어오고, 춥고 건조해서 식물이 자

분류	북극에서 발견되는 식물(종수)	전 세계 식물 중 북극 식물의 비율	북극 고유종
관속식물	2,218	< 1%	106
비관속식물(이끼류)	약 900	6%	-

표3-1 지금까지 보고된 북극 툰드라 식물의 숫자. 북극고유종은 다른 지역에서는 살지 않고 북극에서만 사는 생물이다.

그림 3-5

우리나라에서도 자라는 북극 툰드라 식물인 나도수영과 씨눈바위취

라기에 불리한 환경이다. 따라서 툰드라 식물은 북극의 혹독한 겨
울과 짧은 여름 백야에 잘 적응되어 있다. 식물이 꽃을 피우고 씨앗
을 만들기 위해서는 평소보다 더 많은 에너지가 필요하다. 그래서
민담자리꽃나무나 뿌리두메양귀비와 같은 툰드라 식물은 해바라
기처럼 꽃이 태양을 따라 움직인다(그림 3-6). 태양 에너지를 모아
꽃에 최대한 열을 많이 전달하여 씨앗을 더
만들게 하는 것이다. 툰드라 식물 표면에는 반
투명한 털이 있는 경우가 많은데, 털은 식물체
를 따뜻하게 만들어 준다(그림 3-7). 또한 툰
드라의 많은 식물은 땅에 납작하게 붙어 자란

툰드라의 식물은 햇빛을 많이
받기 위해 해를 따라 꽃이 움
직이기도 한다. 표면에 반투
명한 털을 만들어 열을 빼앗
기지 않게 하기도 하고, 땅에
납작하게 붙어 자라 지열을
활용하고 강한 바람을 피하기
도 한다.

그림 3-6

꽃이 햇빛을 향해 움직이는 민담자리꽃나무와 뿌리두메양귀비

다(그림 3-8). 여름철 지표면의 따뜻한 온도를 활용하고, 겨울철 강한 바람으로 인한 건조를 막을 수 있기 때문이다. 일반적으로 툰드라 식물은 키가 작아서 겨울에 눈으로 덮여 추위로부터 보호를 받는다.

툰드라 식물의 뿌리는 다른 생태계의 식물보다 상대적으로 추운 흙에서 자라게 된다. 따라서 툰드라 식물의 뿌리는 낮은 온도에 대응하는 독특한 형태를 갖고 있다. 예를 들어 황새풀속 식물은 다년생인데, 뿌리는 일년생이다. 생장을 마치면 지상부와 뿌리는 죽고 두꺼운 줄기의 아랫부분에 저장물질을 모아둔다. 다음해 여름이 되면 이 저장물질로부터 새로운 잎과 뿌리가 자란다. 이와 같은 일

극지과학자가 들려주는 툰드라 이야기

그림 3-7

식물 표면에 털이 나 있는 양털송이풀과 북극버들

년생 뿌리 시스템은 얼어있는 토양에 갇혀 활동을 잘 하지 못하는 뿌리를 없애고 줄기 아래의 저장 부위가 토양이 녹는 지점과 일치하여 영양분이 가장 많은 지점에서 다시 뿌리가 자랄 수 있다는 장점이 있다. 한편, 일부 벼과 식물은 가장 따뜻하고 가장 빨리 녹는 활동층 토양 표면 근처에 수염뿌리를 내리고 자라면서 영구동토층 환경을 이겨낸다.

봄에서 가을까지 식물이 자랄 수 있는 우리나라에 비해 북극은 여름에만 식물이 자랄 수 있어 생장 기간이 짧다. 툰드라에서는 얼음땅이 녹아 부드러운 흙 상태가 되는 불과 2~3개월만 식물이 자란다. 게다가 여름조차도 기온이 낮고 강수량이 적어 일차생산량

그림 3-8

강한 바람을 피하기 위해 방석 모양으로 땅에 납작 붙어 자라는 다발범의귀와 북극이끼장구채

이 낮고, 따라서 식물이 크게 자라지 못한다. 생장기 초반에는 땅이 아직 얼어있고, 후반에는 땅이 얼지는 않지만 이용할 수 있는 빛의 양이 줄고 눈이 쌓이기 시작한다. 따라서 짧은 생장 기간 동안 식물은 휴면 상태를 깨고, 자라서 꽃을 피우고 열매를 맺고 다시 휴면상태에 들어가야 한다. 그래서 북극에는 일년생 식물은 거의 없고 다년생 식물이 주로 살아간다. 어떤 툰드라 식물은 다른 지역에서는 이년생이지만, 툰드라에서는 다년생이다. 여러해 동안 광합성을 해야 생장과 생식에 필요한 물질을 축적할 수 있기 때문이다. 한편, 북극의 짧은 생장 기간은 씨앗이 싹을 틔우는 데도 적합하지 않아, 식물이 무성생식(예를 들어, 씨범꼬리의 주아[*])을 하는 경우도

많다. 씨앗이 휴면 상태를 깨고 발아하기 위해서는 시간이 필요하지만, 주아는 정착해서 바로 자랄 수 있기 때문이다.

툰드라 식물은 염색체를 여러 벌 가진 경우가 많다[19]. 인간은 23개의 염색체를 두 벌, 총 46개의 염색체를 가지고 있다(2n=46). 그런데 북극에는 염색체가 2벌인 것보다 4벌이나 6벌인 식물이 더 많다. 심지어 18벌이나 되는 염색체를 가진 식물도 있다. 특히 과거에 빙하에 덮여 있었던 지역의 식물에서 이런 배수체 식물이 더 많아서, 염색체를 여러 벌 갖는 것이 추위와 관련이 있는 것은 아닌가 알아보고 있다. 어쩌면 너무 추워서 세포분열 할 때 세포막과 세포벽이 잘 만들어지지 않아서 그런 것은 아닌지…

툰드라 식물은 전반적으로 영양분, 특히 질소와 인이 부족한 환경에서 자란다. 이는 식물의 뿌리가 지하의 영구동토층 아래로는 내려갈 수 없어, 식물이 영양분을 얻을 수 있는 곳이 제한적이기 때문이다. 또한, 온도가 낮을수록 유기물의 분해와 토양의 풍화 속도가 느려 영양분이 천천히 만들어지기 때문이기도 하다. 이러한 환경을 극복하기 위해 식물이 무기태 질소(암모늄 또는 질산이온)가 아닌 유기태 질소를 사용하기도 한다. 역사적으로 아미노산을 질소원으로 사용하는 식물이 북극에서 최초로 발견되었다[20].

---

* 주아(珠芽, Bulbil)는 씨범꼬리의 경우 꽃이 핀 줄기의 아래쪽에 생기며 구슬눈이라고도 한다. 주아는 본 식물에서 떨어지면 자라서 새로운 식물체가 될 수 있다.

그림 3-9

툰드라에 사는 키 작은 나무인 북극종꽃나무와 들쭉나무

툰드라의 나무가 키 작은 이유

'툰드라'라는 말이 나무가 없는 벌판을 뜻하는 말에서 유래했다고 하지만, 북극 툰드라에 아예 나무가 없는 것은 아니다. 비록 소나무처럼 키가 큰 나무는 없지만, 툰드라에도 언뜻 보면 풀 같지만 자세히 보면 나무인, 키가 작은 나무들이 살고 있다(그림 3-9).

담자리꽃나무도 툰드라에 사는 나무인데, 민담자리꽃나무의 경우 질소고정 박테리아가 뿌리에 공생하기도 한다. 북극담자리꽃나무*Dryas octopetala*는 북반구 여러 지역의 빙하기 시대 화석에서 발

그림 3-10

빙하기에 지구의 북반구를 지배했던 북극담자리꽃나무

견되어서 빙하기의 한 시기를 이 식물의 이름을 따서 드라이아스기라고 부르기도 한다(그림 3-10). 툰드라의 나무는 줄기가 가늘고 거의 땅 바닥에 붙을 정도로 키가 작아서 언뜻 보기에는 나무가 아니라 풀처럼 보인다.

툰드라 식물은 왜 키가 작은 걸까? 같은 식물도 타이가 지역에서는 키가 훨씬 크다. 툰드라 지역에서 작은 키는 건조한 겨울바람이나 추위가 닥칠 때 식물체 위에 눈으로 보호막을 만들 수 있게 해준다. 또한 여름에는 가장 따뜻한 온도를 유지하는 땅 표면과 가까운 곳에서 식물이 자라게 한다. 지표면에서 30센티미터까지의 공기는 땅에 흡수된 태양 에너지와 땅에서 반사된 에너지 덕분에 그 위의 공기보다 따뜻하다. 바람까지 불게 되면 냉각효과가 커져서 지표면 가까운 곳과 먼 곳의 공기 온도가 8도나 차이가 나기도 한다. 따뜻한 지표면에 가까이, 낮게 자라는 것이 추운 툰드라 지역에서 자라는 식물들이 살아남기 위해 택한 전략인 것이다.

꽁꽁 얼어붙은 영구동토층도 툰드라 식물에게는 또 다른 장벽이다. 나무는 키가 클수록 뿌리를 깊이 내려 자신을 지탱하고 깊은 곳에 있는 물을 끌어 올린다. 하지만 툰드라에서는 딱딱하게 얼어붙은 영구동토층이 뿌리가 내려가지 못하게 막아선다. 얕은 뿌리를 가진 키가 큰 나무는 북극의 세차게 불어오는

툰드라의 식물은 같은 종이라도 다른 곳에 비해 키가 작다. 툰드라 지역이 받는 햇빛의 양이 적고, 땅속의 영구동토층이 뿌리가 땅속 깊이까지 뻗어나가는 것을 막기 때문이다.

그림 3-11

알래스카 툰드라에서 나무 위로 걸어가고 있는 사람들

바람에 쉽게 쓰러진다.

물이 부족할 경우에도 식물은 잘 자라지 못한다. 툰드라 지역의 연강수량은 400밀리미터를 넘지 않는다. 하지만 기온이 낮아 수분의 증발량이 많지 않기 때문에 적은 강수량에 비해 물이 크게 부족하지는 않다. 영구동토층이 아래로의 물빠짐을 막아주기 때문에 봄에 눈이 녹아 한꺼번에 많은 물이 생기면 지역에 따라 습지나 작은 호수, 연못이 만들어지기도 한다. 계곡 아래쪽은 바람이 약하고 물을 충분히 공급해 주기 때문에 계곡의 개울가에서는 주변보다 비교적 키가 큰 나무를 볼 수 있다. 툰드라에서는 식물이 이용할 수 있는 물이 지표면 가까이에만 있어, 식물 뿌리가 옆으로 퍼져있는 경우가 많다.

어쨌든 우리나라에서는 숲에 들어가면 나무그늘 아래로 걷게 되는데, 툰드라에서는 나무 위를 경중경중 넘어가게 된다(그림3-11). 마치 소인국에 온 걸리버처럼.

3 툰드라 식물은 변신 중

지구가 둥글다보니 북쪽으로 올라갈수록 위도당 땅의 면적은 줄어들고 서로 공간적으로 가까워진다. 그러다 보니 툰드라 식물은 서로 어딘가 비슷하게 자라는 경향이 있다. 실제로 노르웨이 스발바르에 있는 다산기지와 캐나다에 있는 케임브리지 베이에서 서로 비슷한 식물을 볼 수 있다.

생태계 연구의 가장 기본적인 접근방법은 특징이 비슷한 지역을 하나로 묶는 것이다. 따라서 생태학자들은 북극 생태계를 이해하기 위해 식생에 따라 북극 툰드라를 몇 개의 구역으로 구분하고자 하였다.

이 때 가장 중요한 것은 식생이 변하는 지역을 구분하는 기준을 어떻게 결정하는가다. 툰드라에서는 식물이 자라는데 필요한 여름철 온기를 만드는 7월 기온이 중요하다. 여름철 온도가 식물의 구

구역	7월 평균 기온	식물 분포의 수직적 특징	식물 분포의 수평적 특징	관속식물 종수
A	0~3℃	식물이 없는 나지와 생물학적 토양피각; 2센티미터 미만의 이끼와 지의류; 초본이 간간이 흩어져서 분포	이끼와 지의류가 최대 40%, 관속식물(초본) 5% 미만 관목은 자라지 않음	<50
B	3~5℃	1~3센티미터 두께의 이끼와 초본층; 5~10센티미터 높이의 기는형 난쟁이 관목	이끼와 지의류가 최대 60%, 관속식물(초본) 5~25%	50~100
C	5~7℃	3~5 센티미터 두께의 이끼와 5~10센티미터 높이의 초본층; 15센티미터 미만 높이의 기는형과 반쯤 기는형의 관목	관속식물(초본) 5~50%	75~150
D	7~9℃	5~10센티미터 높이의 이끼와 초본층; 10~40센티미터 높이의 키 작은 관목	관속식물(초본) 50~80%	125~250
E	9~12℃	5~10센티미터 높이의 이끼; 20~50센티미터 높이의 초본층과 키 작은 관목; 종종 80센티미터까지 자라는 관목	관속식물(초본) 80~100%	200~500

표 3-2 환북극 생물−기후 구역별 식생과 온도, 기본적인 특징

성, 종 다양성과 생물량에 영향을 주기 때문이다. 따라서 과학자들은 여름철 평균 온도와 우점하는 식물에 따라 북극을 5개의 구역으로 구분하였다(표 3-2). 학자에 따라서는 북극 식생을 식물의 종류에 따라 21개 지역으로 구분하기도 한다[21].

7월 평균 기온이 섭씨 0~3도인 A구역에서는 이끼와 지의류가 우점하고 식물은 5퍼센트 미만을 차지한다(그림 3-12). A구역은 북극의 전체 면적의 2퍼센트 정도인데, 특히 기후 변화에 민감한

이끼와 지의류가 우점하는 스발바르 뉘올레순(A구역)

지역이다. 이 지역을 영하의 겨울왕국으로 만들었던 북극해의 해빙이 점점 줄어들면서 이 지역의 여름철 온도가 올라가고 있다. 여름철 온도가 약간만 높아져도 식생의 구조와 기능이 변할 수 있다.

7월 평균 기온이 섭씨 3~5도인 B구역에서는 이끼와 같이 꽃을 피우지 않는 식물이 우점하고 담자리꽃나무나 버드나무속 식물처럼 기는 형의 난쟁이 관목이 자란다. 7월 평균 기온이 섭씨 5~7도인 C구역에서는 이끼와 사초, 그리고 북극종꽃나무와 같은 반쯤 기는 형의 관목이 우점한다. 7월 평균 기온이 섭씨 7~9도인 D구역에서는 40센티미터 미만의 버드나무속 식물과 난장이자작, 검은

그림 3-13

초본층과 키작은 관목이 자라는 알래스카 카운실(E구역)

시로미, 들쭉나무와 같은 키 작은 관목, 그리고 사초가 우점하고 그 아래층으로 이끼가 자란다. 7월 평균 기온이 섭씨 9~12도인 E구역에서는 키 작은 관목, 다발 모양의 풀덤불, 사초가 전체 피도의 80~100퍼센트를 차지하고 그 아래층으로 이끼가 자란다(그림 3-13). 보통 키 작은 관목은 40센티미터 이상 자라고, 물과 영양이 충분히 공급되는 환경에서는 2미터까지 자라기도 한다.

무엇이 식물의 분포를 결정하는가?

툰드라에서 온도 이외의 어떤 환경 요인이 생물의 분포에 영향을 주는 것일까? 툰드라에서 식물의 분포는 식물이 살고 있는 지역이 얼마나 빙하에 덮여 있었는지, 대륙성 기후와 해양성 기후 중에서 어떤 쪽의 영향을 더 받는지, 역사적으로 어떤 생물지리학적인 영향을 받았는지와 관련이 있다. 식생의 분포는 주요 빙하기, 모래더미, 해양의 범람, 산에서의 지형 변화 등과 같은 지역 규모의 특성에 따라서 달라지기도 한다. 지역 규모regional scale란 1제곱킬로미터에서 1만 제곱킬로미터의 영역을 말한다. 작은 언덕의 기울기나, 눈의 분포 정도, 하천이나 강이 갈라지는 경계 지역인 분수계도 식생에 뚜렷한 영향을 준다. 1제곱미터에서 1제곱킬로미터의 영역을 말하는 지방 규모local scale에서는 암반 종류, 배수 조건, 빙하 가장자리의 지형, 소규모 교란 등이 식물 군집을 다양하게 만든다.

위도가 높아질수록 그 지역 내 식물의 종수는 줄어드는 대신, 우점종의 영향력은 커진다.

툰드라 식물의 분포에는 위도, 강수량, 서식 동물도 영향을 준다. 위도가 올라갈수록 그 지역에서 살아가는 식물의 종류는 줄어드는 대신 우점종의 영향력은 커진다. 강수량에 따라서도 식물의 생물량이 달라진다. 예를 들어 같은 C구역이라도 캐나다 북극의 건조한 섬은 러시아 시베리아보다 생물량이 적다. 또한 순록과 같은 초식동물이 얼마나 식물을 많이 먹었는지도 식물 분포에 영향을 준다.

지형도 여러 규모에서 식물의 다양성에 영향을 준다. 산의 높이

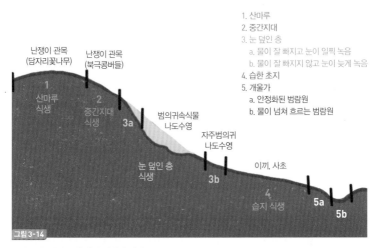

1. 산마루
2. 중간지대
3. 눈 덮인 층
   a. 물이 잘 빠지고 눈이 일찍 녹음
   b. 물이 잘 빠지지 않고 눈이 늦게 녹음
4. 습한 초지
5. 개울가
   a. 안정화된 범람원
   b. 물이 넘쳐 흐르는 범람원

난쟁이 관목
(담자리꽃나무)

난쟁이 관목
(북극콩버들)

1
산마루
식생

2
중간지대
식생

3a

범의귀속식물
나도수영

자주범의귀
나도수영

눈 덮인 층
식생

3b

이끼, 사초

4
습지 식생

5a

5b

그림 3-14

툰드라 언덕 지형에서 식생의 변화

에 따라 식물의 분포가 달라지는 것과 위도에 따라 식물이 달라지는 것은 서로 비슷하다. 이론적으로, 고도가 1000미터 높아질 때마다 온도는 6도씩 떨어진다. 따라서 산지에서의 식생 변화를 위도에 따른 식생 변화와 비교하기도 한다. 그림 3-14는 작은 규모에서 언덕의 경사면을 따라 식물이 변하는 것을 보여주는데, 주로 물이 아래로 어떻게 이동하는가가 식물 분포에 영향을 준다.

식물의 분포에 눈도 중요한 역할을 한다. 눈에 덮인 곳은 찬 공기를 막아 식물이 훨씬 따뜻한 상태로 겨울을 보낼 수 있지만 상대적으로 생장기간이 짧아지기도 한다. 봄철에 눈이 늦게 녹으면 식물이 이용할 수 있는 토양 수분뿐만 아니라 영양분이 영향을 받는다.

　지역에 따라 달라지는 토양 pH는 식물 군집 구조와 다양성에 큰 영향을 준다. 예를 들어 비슷한 조건의 석회질 토양(평균 pH 6.3)에서는 총 56종의 식물이 자라서 높은 식물 종 풍부도를 보인 반면, 산성인 토양(평균 pH 4.6)에서는 이보다 적은 39종의 식물이 자랐다. 토양 pH는 토양의 종류와 기후와도 밀접하게 연결되어 있다. 저위도 북극에서는 토양의 유기물 함량이 많아서 토양이 산성이다. 반면 고위도 북극에서는 표층 토양에 미네랄이 많아 토양의 pH가 저위도 보다는 높은 편이다. 하지만 고위도 북극 지역이라도 토양에 모래가 많거나 암반이 산성인 경우에는 토양이 산성을 띨 수 있고, 저위도 북극이라도 암반이 석회질이거나 최근까지 빙하에 덮여 있던 경우, 또는 최근에 교란을 받은 경우에는 토양이 산성이 아닐 수 있다.

　과거에 토양이 빙하에 덮혔던 것도 식물의 분포에 영향을 준다. 빙하는 토양 pH와 수분에 영향을 주기 때문이다. 알래스카 북부의 경우 오래된 지역일수록 습지에서 잘 자라는 식물이 많고 생물량이 많다. 빙하가 사라진지 얼마 되지 않은 지역일수록 건조한데서 잘 자라는 식생이 있고 생물량도 적다. 빙하가 사라지고 시간이 흘러 식물의 천이가 진행될수록 식물의 종수가 늘어나나, 천이 후기에는 종간경쟁이 심해져 종수가 줄어들기도 한다.

생태계 교란도 툰드라의 식물 종류를 달라지게 한다. 북극에서 일어나는 교란은 열카르스트, 얼음쐐기의 형성이나 침식, 호수가 녹아서 물이 빠져나가는 현상, 서리의 형성, 영구동토층이 녹으면서 물이 대량으로 움직이는 것과 관련이 있다. 우선 열카르스트는 얼음이 많은 영구동토층이 녹으면서 형성된 습지 구렁이나 작은 언덕의 지표면을 말하는데, 표면이 매우 불규칙한 것이 특징이다. 만약 이런 교란이 일어나면 식물의 천이가 일어나는데, 이런 천이는 식물 다양성, 구조, 생물량 등을 크게 바꾼다. 러시아 야말 반도에서는 영구동토층이 빠르게 붕괴되면서 물이 빠져나가는 지역에서 식물이 잘 자랐다. 이런 경우 오래되어 안정기에 접어든 지역에서 개척자 식물→사초→버드나무 관목으로 천이가 일어나기도 한다. 바람, 눈 또는 물의 범람과 관련된 교란도 있다. 북극 툰드라에서 종종 일어나는 산불도 건조한 여름에 수천 제곱킬로미터를 초토화시키기도 한다. 산불로 인한 교란이 일어나면 탄소가 대기 중으로 방출되고 식생의 천이 방향이 바뀌며, 영구동토층과 열카르스트가 녹는다. 툰드라에서 교란은 앞으로 더 많은 지역에서 더 자주 일어날 것으로 예상된다. 지구온난화로 영구동토층이 녹고 있으며 툰드라 지역에서의 인간의 활동이 증가하고 있기 때문이다.

점점 북상하는 나무들

툰드라 지역은 대부분 사람이 직접 들어가기 어렵다. 몇몇 도시를 제외하고 툰드라에는 비행기도 들어가지 않는다. 사람이 살지 않으니 잠을 잘 곳도 음식을 사 먹을 곳도 없다. 이런 곳에 들어가서 생태계를 관측하기란 여간 힘든 일이 아니다. 따라서 과학자들은 직접 툰드라에 들어가지 않고도 관측할 수 있는 방법을 찾아 왔는데, 인공위성을 이용한 원격탐사가 그 중 한 가지 방법이다.

원격탐사에서 정규식생지수NDVI, normalized difference vegetation index가 툰드라 식물을 연구하는데 사용된다. 식물의 엽록소는 광합성에 사용하기 위해 가시광선(파장이 0.4~0.7마이크로미터)은 흡수하고 근적외선(파장이 0.7~1.1마이크로미터)은 반사한다. 만일 어떤 지역이 가시광선 보다 근적외선을 더 많이 반사한다면 그곳은 식물이 많은 숲일 가능성이 높다. 반면 반사된 가시광선과 근적외선이 거의 차이가 없다면 그곳은 식물이 많지 않은 초원, 툰드라, 사막일 가능성이 높다. 이런 특성을 이용해 어떤 지역에 식물이 얼마나 있는지를 숫자로 표현할 수 있는데, 이것을 정규식생지수라고 한다. 정규식생지수는 다음과 같은 식으로 표현할 수 있다.

식물의 엽록소는 가시광선을 흡수하고, 근적외선은 반사한다. 인공위성을 통해 관측했을 때, 어떤 한 지역이 가시광선보다 근적외선을 더 많이 반사한다면 그곳은 식물이 많은 숲일 가능성이 크다.

$$\text{정규식생지수} = \frac{\text{근적외선} - \text{가시광선}}{\text{근적외선} + \text{가시광선}}$$

식물이 광합성을 위해 가시광선을 대부분 사용하고 반사되는 양이 적어서 가시광선이 0에 가까워진다면 정규식생지수는 1에 가까워진다. 따라서 정규식생지수가 1에 가까울수록 식물이 많은 지역이라고 본다(그림 3-15).

인공위성으로 넓은 지역의 정규식생지수를 측정하는 경우 그 값이 정확하지 않을 가능성이 크다. 예를 들어 미국 해양대기국에서 운영하는 원격탐사장비는 1제곱킬로미터의 면적을 하나의 측정단

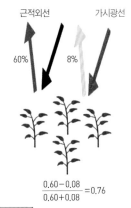
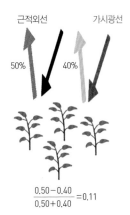

그림 3-15

정규식생지수의 의미와 계산 방법

위로 표시한다. 가로와 세로 각각 1킬로미터인 지역의 평균값이 지도 위에 점 하나로 보인다는 뜻이다. 따라서 현장에서 식물에 의해 반사되는 가시광선과 근적외선을 측정하여 원격탐사로 얻은 정규식생지수가 현장의 측정값을 제대로 보여주는지 확인할 필요가 있다.

북극에서는 정규식생지수가 부분적으로 증가하고 있다[22]. 1982~2012년 30년간 북극의 삼분의 일 정도는 정규식생지수가 증가한 반면, 4퍼센트 미만의 지역에서는 감소했고, 57퍼센트 정도는 변화가 없었다. 그러나 모든 지역에서 현장 관측값과 비교해 보지 못했기 때문에 인공위성에서 관측한 이 값을 그대로 받아들이기에는 좀 더 많은 검증이 필요하다.

정규식생지수 값과 툰드라 식물의 생물량 사이의 관계를 비교한 결과, 주로 저위도 북극에서 식물이 증가한 것을 알 수 있었다[23]. 저위도 북극에서는 관목이 잘 자라면서 정규식생지수 값이 증가했지만, 고위도 북극에서는 식물이 좀 더 촘촘하게 자라서, 즉 밀도가 높아져서 식생지수가 증가했다. 그렇다면 고위도 북극에서 식물의 밀도는 왜 증가하는 것일까? 그것은 아마도 북극의 해빙이 감소하면서 북극해 연안의 기온이 높아져 식물이 더 잘 자라는 것으로 보고 있다[24].

지구온난화로 식물의 생물량도 증가했다. 예를 들어, 캐나다 고위도 북극의 한 섬에서는 지난 23년 동안(1981~2008년) 식물의 생물량이 123퍼센트 증가했다[25]. 또한 그린란드의 한 지역에서는 지난 100년 사이에 아북극권 식물이 자라기 시작했다[26].

수십 년간 얻은 인공위성 영상은 지구온난화가 알래스카에 미치는 영향을 두 가지 상반되는 현상으로 보여주고 있다. 수천 장의 인공위성 영상은 알래스카의 툰드라가 점점 더 녹색을 띠는 것을 보여주고[27] 있는 반면, 알래스카 내부에서 캐나다 북동쪽으로 뻗어나가는 숲에서는 오히려 녹색이 감소하기도 했다[28]. 같은 알래스카인데 왜 이렇게 상반된 현상이 일어나고 있을까?

북극 일부 지역에서는 수목한계선이 북상하고 있지만 현재 상태를 유지하고 있는 곳도 있다. 전반적인 예상은 지구온난화로 기온이 높아지면 툰드라 남쪽 지역에서 침엽수가 자라 결과적으로 수목한계선이 북쪽으로 올라올 것으로 보고 있다. 툰드라 지역이 점점 더 녹색화되는 것이다. 하지만 실제로 침엽수 숲이 형성되기 까지는 토양의 수분 분포나 물줄기의 변화와 어린 식물이 초식동물에 뜯어 먹히는 등 여러 가지 요인이 복잡하게 상호 작용한다. 툰드라와 인접한 침엽수에서는 식물이 줄어드는 갈색화 현상이 일어나기도 하는데, 원인은 주로 가뭄이나 산불, 곤충의 대 발생 등이다[29]. 북미 동부지역에서 여름철 구름 낀 날이 많아지면서 대규모 순환으로 유라시아의 온도가 낮아졌고, 이로 인해 유라시아쪽에

우리가 툰드라의 현재 상태와 앞으로의 변화를 알기 위해서는
보다 많은 지역에서 연구를 해야 한다.
특히 오랫동안 지속적으로 관측하는 것이 중요하다.

서 1982년부터 2011년까지 식생의 녹색화 경향도 줄어들었다고
한다[30].

　북극 전역을 원격탐사로 관측하는 것이 앞으로 더 쉽고 저렴하
면서도, 더 중요해 질 것이다. 원격탐사로 생태계 특성의 전체적인
변화를 감지한다 하더라도, 이런 변화를 설명하고 관리하기 위해
서는 툰드라 현장에 나가야 한다. 생물다양성은 원격탐사로는 볼
수 없기 때문이다. 우리가 툰드라의 현재 상태와 변화 경향을 추정
하기 위해서는 보다 많은 지역에서 연구와 관측이 이루어져야 한
다. 특히 오랫동안 지속적으로 관측하는 것이 중요하다.

북극N 홈페이지(www.arctic.or.kr)에서는 북극에 관한 가장 정확한 정보를 가장 많이 만날 수 있다. 쉬운 정보부터 깊은 정보까지, 세밀한 정보부터 광범위한 정보까지 북극에 대한 다양한 소식을 얻을 수 있다.

북극에 대한 모든 정보
북극 N

• **북극이란**

북극해는 5대양 가운데 가장 작지만 지구 전체의 기후를 조절하는 심장과 같은 곳으로, 북극권의 온난화는 해빙 감소를 가져오고, 해빙 감소는 다시 북극권의 온난화를 일으킨다. 따라서 지구 환경 변화에 대처하기 위해서는 북극의 변화를 반드시 이해해야 한다. 〈북극이란〉에서는 북극이 기후변화에서 왜 중요한지, 북극 생태계는 어떤 곳인지, 북극의 사람들과 국제 정치, 북극권 자원개발 전망은 어떠한지 알려준다.

• **북극이사회**

북극이사회는 북극권 환경 보호와 원주민 보호, 지속 가능 발전을 위하여 1996년 설립된 북극권 8개 국가들의 정부간 고위급 포럼으로, 우리나라는 2013년 북극이사회 옵서버로 승인되었다. 〈북극이사회〉에서는 북극이사회에서 발표한 선언문과 협정뿐만 아니라 북극이사회 각료회의, 최고실무회의, 워킹그룹의 회의록을 제공한다.

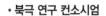

- **북극 연구 컨소시엄**

우리나라 북극 연구 주체들의 역량을 모으기 위하여 추진하고 있는 북극 연구 컨소시엄의 활동 상황과 관련 정보를 제공한다.

- **북극 정책**

2006년 노르웨이를 시작으로 북극권 8개 국가는 북극 전략과 정책을 발표하였다. 우리나라도 체계적인 북극 진출 전략을 추진하기 위해 2013년 12월 범부처 합동으로 〈북극정책 기본계획〉을 국무회의에서 채택하였다. 〈북극 정책〉에서는 우리나라를 비롯한 10개국의 북극정책을 소개한다.

- **연구활동**

다산과학기지와 쇄빙연구선 아라온, 북극 현장에서 수행하는 우리나라의 북극 연구를 소개하고, 극지데이터와 논문, 보고서를 보여준다.

- **북극관련기구**

북극과학위원회를 비롯한 다양한 북극 관련 조직과 기구를 소개한다.

- **북극소식**

북극 관련 행사와 새로운 소식, 북극을 다룬 어린이, 청소년, 성인 도서를 소개하고 있다. 또한 북극에서만 볼 수 있는 아름다운 풍경과 위대한 자연의 모습을 감상할 수 있다.

4장

툰드라가 사라진다

동토가 녹고 있습니다. 북극의 기온이 조금씩 오르기 때문이라고 합니다. 툰드라 역시 그 영향을 피할 수 없습니다. 식물의 종류가 달라지고, 동물의 먹이그물이 바뀌고 있습니다. 추위를 견디고 바람을 버티던 식물과 동물이 조금 덜 추워진 날씨에 어떻게 대응할까요? 툰드라의 기온이 오르면 북극 아래에서 살던 식물과 동물이 점점 위로 올라올 것이라고 합니다. 동토가 녹으면, 우리에게는 초원이 더 생기는 걸까요, 아니면 기후의 균형을 유지하던 한 축이 사라져버리는 걸까요? 이 시간에도 북극의 동토는 조금씩 녹고 있습니다.

순록이 얼음 속에 파묻힌 지의류를 먹기 위해 안간힘을 쓰고 있다. 엄마곰과 새끼곰이 걷고 있는 동토도 녹고 있다.

따뜻해지는 겨울 때문에 눈위에 비가 내렸네.
이 비가 다시 얼어, 땅에 있는 지의류를
먹기가 힘들어.

엄마, 땅에서
자꾸 뭐가 나오는 거 같아요.

그래? 얼어있던 땅이 녹으면서, 땅 속에 있던
유기물들이 분해되어 이산화탄소와 메탄가스가
대기중으로 나온다더니…

1 먹이사슬의 고리가 끊어진다

툰드라는 지구상의 다른 어떤 지역과 비교해도 살아가는 생물의 종류가 적다. 툰드라에 사는 생물이 많지 않은 것은, 이 지역이 춥고 건조하며 변화가 심한 극한 환경일 뿐만 아니라, 생태계를 유지하는데 기본이 되는 햇빛이 적게 들어오기 때문이다.

> 툰드라는 생물의 종류가 적다. 생태계를 유지하는데 기본이 되는 햇빛이 적고, 춥고 건조하며 변화가 심한 극한 환경이기 때문이다.

툰드라 지역은 생물이 자랄 수 있는 생장기간이 매우 짧다. 여름도 추운데다가 생장기간이 짧다 보니 생물의 일차 생산력이 낮고, 생산력이 낮다 보니 생물의 크기나 무게를 반영하는 생물량도 적다. 게다가 툰드라에서는 환경의 변화도 극단적이다. 땅 표면에서 여름 최고 온도와 겨울 최저 온도의 차이가 60도나 되고, 봄에서 가을까지 낮의 길이도 하루가 다르게 변한다. 이런 변화무쌍한 환경에서도 살아갈 수 있는 생물은 그리 많지 않다.

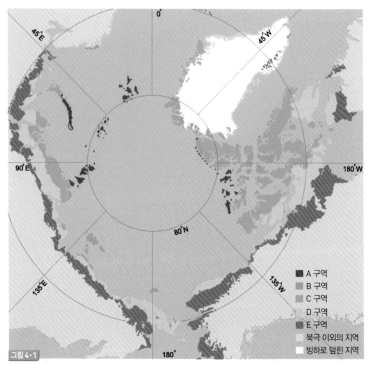

환북극 생물-기후 구역(Circumpolar Arctic Bioclimate Subzone) 지도. 각 구역의 특징은
표 3-2에 자세히 설명되어 있다.

어떤 지역에 살아가는 생물을 전체적으로 이해하기 위해서는 먼
저 식물을 알아야 한다. 식물의 종류가 결정되면 그것을 먹고 살아
가는 동물의 종류가 정해진다. 이 때문에 생태학자들은 툰드라 생
태계를 이해하기 위한 기초 작업으로 환북극 생물-기후 구역지도

극지과학자가 들려주는 툰드라 이야기

[31]를 만들었는데, 그 구분 기준도 식생이다(그림 4-1). 식물은 생산자로 먹이그물의 밑바탕이 되며 생활공간을 제공하기도 한다. 예를 들어 관목이 없는 지역에는 여기에 깃들어 살아가는 새와 곤충도 살지 않는다.

툰드라는 식생에 따라 크게 5개 구역(표 3-2)으로 나뉘는데 각 구역마다 먹이그물은 조금씩 다르다(그림 4-2). 툰드라에서는 위도가 높아질수록 식생이 단순하고 식물의 생산성이 낮아진다. 이에 따라 식물을 먹고 사는 초식동물의 종류도 줄어 먹이그물이 단순해진다. 먹이그물은 일반적으로 일차생산자인 식물과 초식동물, 포식자로 구성되며, 각 영양 단계에서 생물간의 관계를 보여 준다. 예를 들어 초식동물은 식생을 조절하고, 포식자는 몸집이 작은 초식동물과 땅에 둥지를 틀고 살아가는 새의 개체군을 조절한다.

가장 대표적인 A구역 생태계인 스발바르 제도의 경우, 순록과 흰멧닭이 대표적인 초식동물이다. 다산기지가 있는 스발바르에는 나그네쥐가 없다. 꿩대신 닭이라고 이곳에서 북극여우는 나그네쥐 대신, 여름에는 철새와 철새의 알을 먹고, 겨울에는 반달무늬물범과 순록의 사체를 먹으며 살아간다. 이외에도 해양생물로 배를 채우기도 한다. 이곳의 북극여우는 해양생태계에 잇대어 살고 있기 때문에 해양 오염 물질인 폴리염화바이페닐 같은 물질이 체내에서 높게 나온다.

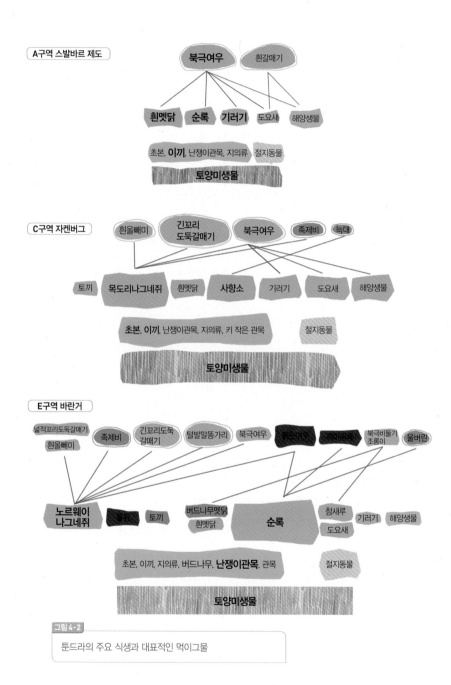

북극여우 흰갈매기

흰멧닭 순록 기러기 도요새 해양생물

초본, **이끼**, 난쟁이관목, 지의류 절지동물

토양미생물

C구역 자켄버그

흰올빼미 긴꼬리도둑갈매기 북극여우 족제비 늑대

토끼 목도리나그네쥐 흰멧닭 사향소 기러기 도요새 해양생물

초본, **이끼**, 난쟁이관목, 지의류, 키 작은 관목 절지동물

토양미생물

E구역 바란거

넓적꼬리도둑갈매기 족제비 긴꼬리도둑갈매기 털발말똥가리 북극여우 붉은여우 개리구류 북극비둘기조롱이 올빼미
흰올빼미

노르웨이나그네쥐 들쥐 토끼 버드나무멧닭 순록 참새루 기러기 해양생물
흰멧닭 도요새

초본, 이끼, 지의류, 버드나무, **난쟁이관목**, 관목 절지동물

토양미생물

그림 4-2

툰드라의 주요 식생과 대표적인 먹이그물

112

C구역에 속하는 자켄버그 지역에서는 북극여우와 족제비, 북극 늑대가 상위 포식자다. 사향소와 목도리나그네쥐, 북극토끼는 주요 초식동물이다. 이곳에서는 긴꼬리도둑갈매기와 흰올빼미도 포식자다. 자켄버그에는 나비와 나방, 거미, 파리, 모기 등의 곤충도 있으며, 버섯과 지의류도 볼 수 있다.

E구역 생태계에는 한대지역boreal 동물이 많이 산다. 이 지역에 사는 설치류는 나그네쥐뿐만 아니라 들쥐도 포함한다. 몸집이 중간 크기인 초식동물로는 산토끼, 북극땅다람쥐, 멧닭과 기러기가 있다. 몸집이 큰 초식동물로는 순록이 대표 선수다. 초식동물을 잡아 먹는 포식자로는 북극 고유종인 북극여우와 긴꼬리도둑갈매기가 일반적이다. 족제비도 작은 설치류를 잡아먹는다. 하지만 이 지역에는 나그네쥐를 잡아먹는데 특화된 흰올빼미는 거의 없다. 몸집이 큰 포식자로는 회색늑대, 울버린, 갈색곰이 살기는 하지만 한대지역의 침엽수림만큼 많지는 않다.

툰드라의 육상생태계는 해양생태계와 긴밀하게 연결돼 있다. 북극 바다에 떠 있는 해빙海氷 아래쪽에는 규조류를 비롯한 미세조류가 붙어있어 연한 갈색이나 연두색을 띤다. 식물성 플랑크톤이라고 불리는 이 미세조류들은 동물성 플랑크톤의 먹이가 된다. 동물성 플랑크톤은 다시 대구의

> 툰드라의 육상생태계는 바다와 긴밀하게 연결돼 있다. 해빙에 붙어있는 규조류를 동물성 플랑크톤이 먹고, 이 플랑크톤을 대구가 먹고, 대구는 다시 물범의 먹이가 되는데, 북극의 가장 상위포식자인 북극곰이 이들 물범을 잡아 먹는다.

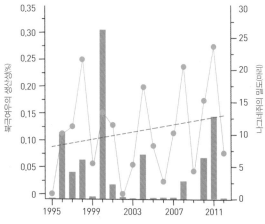

그림 4-3

북극 생태계를 유지하는데 중요한 구성원인 나그네쥐(좌)와 개체군의 주기(우). 나그네쥐의 밀도가 높으면(막대 그래프) 북극여우도 새끼를 많이 낳는다(꺾은선 그래프).

먹이가 되고 대구는 고리무늬물범의 먹이가 되고 고리무늬물범은 다시 북극곰의 먹이가 된다.

먹이그물상의 생물들은 서로 긴밀하게 연결돼 있다. 툰드라에서 눈에 띄는 우점종은 나그네쥐다. 툰드라 여러 지역에서 나그네쥐 개체군에 의해 조절되는 사이클은 종 다양성을 유지하는데 중요한 역할을 한다(그림 4-3). 나그네쥐는 자연적으로 개체수의 증가와 감소를 반복한다. 나그네쥐는 북극여우의 가장 중요한 먹이 중 하나다. 북극에는

> 나그네쥐는 툰드라 먹이사슬의 주요 구성원이다. 나그네쥐는 주기적으로 개체수의 증감을 반복하는데, 나그네쥐를 먹이로 하는 북극여우가 나그네쥐의 개체수에 영향을 받아 그 수가 조절된다.

수십만 마리의 북극여우가 살고 있는데, 그 개체수는 나그네쥐의 숫자에 따라 변한다. 나그네쥐는 암컷 한 마리가 최대 20마리까지 새끼를 낳을 수 있다. 이렇게 나그네쥐가 새끼를 많이 낳는 곳에서는 북극여우도 새끼를 많이 낳는다. 하지만 나그네쥐가 급격히 줄어들면 북극여우도 겨울에 굶주리게 되고 결국 새끼의 숫자와 몸무게가 줄어든다. 실제로 나그네쥐 개체군이 수십 년 동안 불규칙하게 증감한 지역에서 북극여우와 흰올빼미가 위기종이 되고 있다. 한편, 캐나다의 뱅크스 섬과 빅토리아 섬 사이에 있는 아문센 만에서 1974년과 1985년에 북극곰이 갑자기 줄어든 적이 있다. 북극곰만 연구할 때는 그 원인을 찾을 수 없었으나, 북극곰의 먹이인 고리무늬물범을 통해 그 해답을 찾을 수 있었다. 1973년과 1984년 겨울 이 지역에 눈이 적게 내렸다. 눈을 파서 굴을 만들 수 없었던 고리무늬물범은 다른 지역으로 이동했고 먹이를 잃은 북극곰도 그 숫자가 줄었던 것이다[32].

툰드라 지역에서 대표적인 초식동물인 순록, 기러기, 몸집이 작은 설치류는 식물의 분포에 영향을 주기도 한다. 물론 이 세 가지 초식동물은 먹이나 이동성, 개체군 유동성이 서로 다르기 때문에 식생에 미치는 영향도 서로 다르다. 순록이 이끼를 갉아 먹어, 이끼가 풍부한 관목 툰드라가 풀이 더 많은 초원으로 바뀐 경우가 있다. 한편 순록이 식물을 먹어서 초원의 생물량이 감소한 경우도 있고,

그림 4-4

버드나무멧닭

겨울에 지의류가 고갈된 경우도 있다. 포유류 이외도 관목의 성장을 제어하는 초식동물이 있다. 예를 들어, 버드나무멧닭(그림 4-4)은 관목의 성장과 가지가 뻗어나가는 패턴에 상당한 영향을 준다.

그렇다고 툰드라의 생물들이 먹이사슬로만 연결되어 있는 것은 아니다. 한 생명체의 의미 없어 보이는 행동이 다른 생명체에게 영향을 주기도 한다. 사향소가 돌아다니면 풀숲에 숨어있던 곤충들이 튀어 오르거나 날아오르는데, 이것은 곤충을 잡아먹는 새들의 잔칫상이 된다. 사향소가 털갈이를 하면 흰멧새 둥지는 따뜻한 사향소털로 채워진다. 겨울에 사향소가 먹이를 찾기 위해 눈을 헤집으면 북극토끼는 이때 드러난 북극버들의 순을 먹는다. 사향소가 죽으면 청소부 동물이 포식을 하고, 남은 찌꺼기는 곤충들이 마저 먹으며, 이 곤충은 다시 흰멧새의 먹이가 된다. 북극곰이 먹다가 남긴 물범은 북극여우가 먹어 치운다. 그래도 남은 찌꺼기는 미생물이 서서히 분해해 식물로 돌아간다.

먹이그물 중의 미생물은 생태계 기능 측면에서 매우 중요하지만, 북극의 다른 생물에 비해 거의 알려지지 않았다. 토양 미생물의 생물량은 동물의 생물량을 능가한다고 한다[33]. 따라서 툰드라 생태계를 이해하기 위해서는 미생물의 생물다양성과 변화 연구가 반드시 필요하다.

2 툰드라를 버텨내다

툰드라의 날씨는 변덕스럽다. 어떤 날에는 하루에도 열두번씩 하늘이 바뀐다. 새벽안개가 사라지고 햇볕이 아침을 맞이했다가, 어느새 구름이 하늘을 덮고 이슬비가 내린다. 비는 종종 눈으로 바뀌기도 해서, 8월 여름날에 다산과학기지에서 눈을 맞기도 했다.

이런 변덕스런 날씨는 툰드라 생물에게 꽤 위협적이다. 불규칙한 날씨로 툰드라의 생물은 미처 준비하지 못한 채 기상이변을 맞기도 한다. 동시베리아해에 위치한 란겔 섬에 살던 흰이마기러기는 늦여름에 몰아닥친 때 이른 눈보라로 40만 마리에서 5만 마리로 줄어들었다. 1973년 가을에는 캐나다 군도에 갑작스런 폭풍이 빙판을 만드는 바람에 먹이를 구하러 이동하지 못한 사향소들이 떼죽음을 당했다[35]. 그린란드 바닷가에서는 봄 폭풍이 불어 부빙 위에서 쉬고 있던 하프물범의 새끼 수만 마리가 파도에 휩쓸려 죽기도 했다. 그래서 어떤 이는 북극 생태계를 '사고다발 지역'이라고 부른다. 하지만 위대한 툰드라 생물은 이런 예기치 못했던 비극에서 곧 회복되는

힘을 보여주었다. 란겔 섬의 흰이마기러기는 1975년 5만 마리에서 1982년 30만 마리로 회복되었고, 캐나다 사향소도 1973년 이후 증가했다. 하프물범도 그린란드 바닷가에서 터줏대감이 되고 있다.

툰드라의 생물은 추운 날씨에 적응하기 위해 체내의 화학반응을 최대로 늦춰, 아주 낮은 수준의 물질대사만으로도 살아갈 수 있다. 또한 가능한 많은 자손을, 빨리 만들어 개체수를 늘린다.

툰드라 생물은 극심한 추위와 세찬 바람, 한겨울의 희미한 빛과 한여름의 끈질긴 빛을 오가는 태양의 변화를 받아들여야 한다. 이들이 이런 혹독한 환경에 적응하는 전략은 다채롭다. 동식물을 막론하고 가장 보편적인 전략은 몸 안에서 일어나는 화학반응 속도를 최대한 늦추는 것이다. 툰드라 생물은 아주 낮은 수준의 물질대사만으로도 살아갈 수 있다. 북극의 거미와 곤충, 지의류와 이끼는 동결 상태로 겨울을 버틴 뒤 봄을 지나 여름을 맞이할 무렵이면 정상적으로 물질대사를 한다.

툰드라 생물이 살아가는 또 하나의 생존전략은 가능한 자손을 많이, 그리고 빨리 만드는 것이다. 툰드라에서는 모기가 떼를 지어 다니는데 말 그대로 셀 수 없이 많다. 매년 살아남는 다음 세대의 비율이 높지 않기 때문에 한 개체군에 많은 개체수를 유지하여 개체군이 전멸하지 않도록 하는 것이다. 툰드라의 현화식물은 여름철 2~3주 안에 재빠르게 꽃을 피우고 열매를 맺는다(그림 4-5). 한편 새들은 여름철 짧은 기간 동안 짝짓기를 하고 새끼를 키우며 몸에 지방분을 쌓고 털갈이를 하면서 따뜻한 남쪽나라로 날아갈 준

그림 4-5

여름철 2~3주 안에 재빠르게 꽃을 피우고 열매를 맺는 북극담자리꽃나무의 씨앗과 북극종꽃
나무의 열매

비를 마친다. 그린란드 자켄버그도 10여종의 철새가 여름 한철 자
리를 잡는 철새 도래지다. 6월초부터 과학 기지 주변의 바닷가와
습지에서 쉴 새 없이 새들의 지저귐이 들린다고 하는데, 8월 첫째
주에 우리가 이곳에 도착했을 때는 이미 철새들이 떠난 뒤라 적막
함이 맴돌았다.

툰드라 동물은 체온을 유지하기 위해 저마
다 다양한 방법을 사용한다. 북극곰은 두터운
지방층으로, 사향소와 북극여우는 보온성이
뛰어난 털과 속털로 혹독한 추위에도 열을
바깥에 뺏기지 않는다. 북극여우는 몸의 온도
를 서로 다르게 유지하는데, 발바닥의 온도를

> 툰드라의 동물들은 추운 날씨
> 에 자신들의 체온을 지키는
> 나름의 방법을 갖고 있다. 북
> 극곰은 피부에 두터운 지방층
> 을 갖고 있고, 사향소는 촘촘
> 하고 두툼한 털이 있다. 나그
> 네쥐는 눈속으로 돌아다니며,
> 북극곰은 굴을 만들어 그 안
> 에서 바람을 피한다.

0도에 가깝게 낮추어 발을 통한 열손실을 막는다. 사향소는 겨울이 되면 최대한 활동량을 줄여 에너지 소비를 낮춘다. 아주 추운 날은 조금만 움직여도 저장한 지방을 소모하며 몸의 체온을 유지해야 하므로 이럴 때일수록 움직이지 않고 가만히 있으며 견디는 것이다.

툰드라의 식물은 건조한 환경에서 물의 증발을 막기 위해, 잎을 두텁고 질기게 하거나, 털로 덮는다.

툰드라의 식물은 건조한 환경을 견딘다는 점에서 사막 식물과 비슷한 면이 있다. 이들은 소중한 물이 증발하지 않도록 몸을 변형한다. 툰드라 식물의 잎은 두텁고 질기거나 털로 덮여 있어 물의 증발을 줄인다.

낮아지는 기온, 짧아지는 낮의 길이, 사라지는 먹이는 여름이 끝나감을 알려주는 신호다. 툰드라 동물들은 저마다의 방법으로 다가오는 겨울을 준비한다. 나그네쥐는 눈 밑에서 생활하고, 뒤영벌은 겨울잠에 빠진다. 북극여우는 육지에서 바다로 생활 터전을 옮겨 해빙에서 북극곰을 따라 다닌다. 순록은 보다 따뜻한 곳을 찾아 이동한다. 아마 가장 부지런한 동물은 북극제비갈매기일 것이다. 북극제비갈매기는 북극에서 남극으로 자리를 옮긴다. 웬만해서는 북극을 떠나지 않는 흰올빼미는 나그네쥐의 숫자가 줄면 먹이를 찾아 움직이기도 한다. 툰드라의 여름은 생명으로 넘치지만, 동물들이 가을부터 서서히 남쪽으로 여행을 떠나 겨울 툰드라는 쓸쓸한 곳이 된다.

3 동토가 녹으면 도대체 무슨 일이 일어날까?

북극이 더워지고 있다. 물론 북극 전체가 동일한 정도로 따뜻해지고 있는 것은 아니다. 지역과 시기에 따라 따뜻해지는 정도에 차이는 있다. 가을과 겨울에 북극해와 북극해 연안에서 온난화 정도가 가장 크고, 러시아 동부와 캐나다 고위도 북극, 그린란드에서도 여름철 온도가 뚜렷하게 높아지고 있다[36].

북극이 따뜻해지면서 툰드라 생태계에도 변화가 나타나고 있다[37]. (1) 봄에 눈이 일찍 녹고 가을에 눈이 늦게 내려 동토가 눈에 덮여 있는 기간이 짧아진다. (2) 동토의 온도가 높아지고 동토가 녹는다. (3) 극단적인 기상 현상이 더 자주 더 심하게 나타나고 툰드라에서 불이 더 자주 발생한다.

> 북극의 온난화가 심해지면서, 눈이 일찍 녹고 늦게 내려 대지가 눈에 덮여있는 기간이 줄고 있다. 동토가 녹고, 극단적인 기상 현상이 더 자주 나타난다.

눈에 덮이는 기간이 짧아지면

눈은 툰드라 지역을 대표하는 환경 요인이다. 툰드라 지역은 일년에 8~10개월 동안 눈에 덮여 있다. 눈은 온도가 잘 전달되지 않아서 눈에 덮인 지역은 겨울에 차가운 대기로 열을 많이 뺏기지 않는다. 동시에, 눈에 덮인 지역은 알베도(반사율)가 높아 햇빛을 반사해 흡수하는 태양 에너지의 양이 적다. 눈이 얼마나 오랫동안, 얼마나 많이 쌓여 있는지는 생태계 기능을 결정하는 중요한 요인이다.

북극에서 1972~2009년 동안 눈이 덮여 있는 기간은 매 10년마다 평균 3.4일 감소했다[38]. 인공위성 기록이 시작된 1979년부터 눈에 덮인 면적은 매 10년마다 17.8퍼센트 감소했다[39]. 지난 50년간, 쌓이는 눈의 양도 지역에 따라 차이가 있는데, 유라시아의 경우 적설량이 증가했지만, 북미의 경우는 감소했다. 기후 모델은 2050년까지 북극 대부분의 지역에서 눈이 덮여 있는 기간이 10~20퍼센트 정도 감소할 것으로 예측하고 있다.

눈은 툰드라 초식동물들의 주요 생활공간이다. 대기에 비해 눈속이 상대적으로 따뜻하기 때문이다.

눈이 덮인 곳은 툰드라 초식동물에게 중요한 생활공간이다. 나그네쥐는 상대적으로 온화하고 안정된 눈 속에서 겨울을 보낸다. 따라서 나그네쥐가 안정적으로 눈을 이용할 때 대량 번식이 가능하며, 이것은 툰드라 먹이 사슬을 유지하는 핵심 요인이다. 나그네쥐의 사이클이 무너지면 식물을 먹고 사는 곤충과 병충해가 증가하여 북극의 먹이그물과 생태계 기능이 바뀐다.

눈 위에 비가 와서 살짝 얼어붙는 경우가 있는데(그림4-6), 이런 현상은 그 지역에 살고 있는 생물에 큰 영향을 줄 수 있다. 눈 위에 비가 오면 순록이나 나그네쥐, 스발바르멧닭, 북극여우의 개체수가 줄어들고, 토양 무척추동물 군집도 영향을 받는다[40].

눈은 토양 미생물에도 영향을 준다. 저위도 북극인 알래스카 북

그림4-6
눈 위에 비가 와서 살짝 얼어 붙어 있다.

쪽 사면에서 겨울에 쌓인 눈의 깊이가 깊어져서 눈 아래 토양이 따뜻하게 유지되는 날이 많아졌다. 이렇게 토양이 눈에 덮여 수분이 많아지고 따뜻해지자 토양 미생물이 활성화되었다. 미생물의 활동으로 식물이 이용할 수 있는 질소의 양이 증가하고 결과적으로 식물이 더 잘 자라게 되었다[41]. 겨울에 눈이 많이 오면 토양 온도가 높아져 토양 호흡량도 증가한다[42].

눈이 일찍 녹으면 봄이 일찍 오고 식물의 생장기도 빨리 시작된다. 반대로, 지역에 따라 눈이 증가하기도 하는데, 이 경우에도 식물이 증가할 수 있다. 예를 들어, 스웨덴 라플란드에서 눈이 더 오래 쌓여 있도록 도와주는 담장을 쳤을 때 식물이 더 잘 자랐는데, 이것은 눈이 이 식물의 기생균 감염을 줄여주었기 때문이다. 따뜻한 겨울로 눈이 더 많이 쌓이고 더 오랫동안 녹지 않는 지역에서는 눈이 식물을 보호하여 결과적으로 식물이 더 잘 자란 것이다[43].

한편 식물이 눈에 영향을 주기도 한다. 식물의 키가 커지고 엽면적 지수Leaf Area Index, LAI가 증가하면 나무 주변에 쌓이는 눈이 증가한다. 나무 주변에 더 많은 눈이 쌓이면 승화로 인한 수분 손실은 줄어든다. 지구 시스템 모델에 의하면 키가 큰 관목은 키가 작은 관목보다 봄에 알베도를 낮추고 수증기를 더 발산하여 그 지역을 더 따뜻하게 만든다. 한편 관목의 키가 커지고 잎 면적이 증가하면 그림자가 생겨서 이끼나 지의류 같이 꽃이 피지 않는 식물과 초본이 잘 자라지 못하는 생태계로 바뀐다.

동토가 녹으면

동토의 온도가 높아지고 동토가 녹으면서 툰드라가 사라질 전망이다. 가장 북쪽에 있어 북극해와 맞닿은 툰드라 지역이 기후 변화에 가장 취약한 곳으로 알려져 있다. 툰드라 생물은 지구온난화로 남쪽에서 올라오는 아북극 생물과 경쟁해야 하는 상황이다. 7월 평균 기온이 단 1~2도만 올라가도 기는 형태의 관목과 사초, 내한성 생물이 들어와 살 수 있기 때문이다. 엎친 데 덮친 격으로 해수면이 상승하고 해안선이 침식되면서(바닷가에 있는 동토가 녹아 무너져 내리고 있다) 툰드라의 입지는 더욱 줄어들고 있다.

지구온난화로 툰드라 식물의 생물량이 증가하기도 한다. 시베리아 동부에서 8년간 이산화탄소 흐름을 연구한 결과를 보면, 식물의 일차 생산량은 생육기가 얼마나 길어졌는가 보다는 여름이 얼마나 따뜻해졌는지와 더 관련이 높았다[44]. 즉, 여름이 따뜻해질수록 식물의 생물량은 늘어났다.

툰드라가 따뜻해져 식물의 생장 기간이 길어지면서 툰드라 식물은 낙엽 관목이 늘어나는 쪽으로 변화하고 있다. 관목이 증가하면, 뿌리에 공생 미생물ECM 또는 ERC* 을 갖는 식물이 증가하게 되면서, 이들이 질소를 먼저 사용해서 다른 식물들의 질소 이용은 감소한다. 또한 관목이 증가하면 분해가 잘 되지 않는 목질의 부엽토가

---

* ECM(ectomycorrhiza)은 다양한 식물 뿌리와 곰팡이 사이에 형성되는 공생 관계를 뜻한다. 자작나무, 너도밤나무, 버드나무, 소나무, 장미과 식물과 담자균, 자낭균, 접합 균류가 여기에 참여한다. 한편 ERC(Ericoid mycorrhiza)은 진달래과 식물과 곰팡이 사이의 공생 관계를 뜻한다. 진달래과 식물이 산성 토양, 척박한 토양에 정착할 때 중요한 역할을 한다.

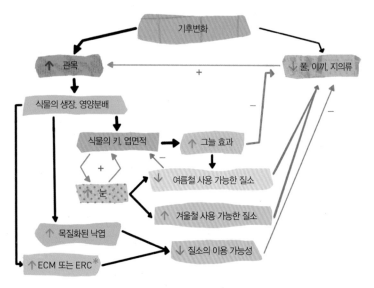

그림 4-7

기후 변화로 북극 툰드라에서 관목이 증가하고 초본과 이끼, 지의류가 감소하는 과정을 보여
주는 생태계 피드백

증가하여 질소의 이용가능성이 감소한다. 게다가 관목이 그림자를
만들어 초본과 이끼의 생장을 막는다. 결국 이 지역에서는 관목이
더 잘 자라게 된다(그림 4-7).

동토가 녹으면 이산화탄소는?

동토가 녹으면 툰드라는 이산화탄소를 방출할까 아니면 흡수할
까? 살아가는 생물에 따라 툰드라는 지구에 온실기체를 공급하는

곳이 되기도 하고 흡수하는 곳이 되기도 한다.

예를들어 유기물이 풍부한 툰드라 이탄습지는 동토가 녹으면 온실기체를 방출한다. 물이끼가 우점하는 이탄 습지는 지구상 최대 유기탄소 저장고 중 하나다. 물이끼는 잘 분해되지 않고 이탄층이 수분함량과 열 상태에 영향을 주며, 토양을 산성으로 만들어 종종 '생태계 엔지니어'라고 불리기도 한다. 이끼가 감소하면 단열효과가 감소하여 영구동토층이 녹으면서 유기물이 더 잘 분해되어 이산화탄소로 방출된다. 이산화탄소는 지구를 따뜻하게 만드는 대표적인 온실기체이기 때문에, 땅속에 얼마나 많은 유기물이 쌓여 있는지, 그리고 얼마나 많은 유기물이 어느 정도나 빠른 속도로 분해되고 있는지 주목받고 있다.

초식동물이 늘어나도 이산화탄소가 증가한다. 그린란드에서 사향소와 순록과 같은 초식동물이 접근하지 못하도록 했더니 식물이 잘 자라고 이산화탄소를 사용하는 광합성도 증가했다. 반면 식물의 뿌리나 토양미생물이 이산화탄소를 방출하는 토양 호흡은 변함이 없었다. 결과적으로 이 지역에서 이산화탄소가 더 많이 흡수되었다[45]. 스발바르에서도 바나클흑기러기가 식물을 먹지 못하도록 막아 놓은 연구지에서는 선태류가 더 늘어나고 식물의 양이 증가하면서 이산화탄소 공급원이었던 지역이 이산화탄소를 흡수하는 곳으로 바뀌었다[46]. 따라서 초식동물이 늘어나면 식물이 줄어들고 식물의 광합성도 감소하여 결과적으로 대기로 방출하는 이산화탄소를 증가시킬 수 있다.

곤충이 갑자기 늘어나도 이산화탄소가 증가될 수 있다. 겨울이 따뜻하면 나방이 엄청나게 늘어나는데, 이 나방의 유충은 자작나무 잎을 갉아먹어 이산화탄소 흡수량을 89퍼센트나 감소시켰다[47]. 즉, 툰드라 지역의 온난화는 곤충을 증가시켜 식물의 광합성량을 감소시키고 결과적으로 이산화탄소를 증가시키는 것이다.

'보이지 않는 다수'인 토양 미생물도 이산화탄소와 관련이 있다[48]. 툰드라 지역에서 온도가 높아지면, 영구동토층에 있는 얼음이 녹고 식물들이 잘 자라 광합성량이 늘어나 대기로부터 이산화탄소 흡수량이 늘어나게 된다. 그러나, 영구동토층의 얼음이 더 녹게 되면 식물의 광합성에 의한 이산화탄소 흡수량보다 미생물에 의한 이산화탄소나 메탄의 발생량이 증가하여 온실기체 방출량이 늘어날 것으로 예측하고 있다(그림 4-8). 박테리아와 같은 토양 미생물은 토양에 저장되어 있는 유기물을 - 이탄층에서 미처 분해되지 않고 남아 있는 식물의 잔해와 같은 - 분해하여 에너지를 얻고 이산화탄소를 만들어낸다. 실제로 스칸디나비아 반도 산간지역에 위치한 솜털자작나무 숲에 검은시로미로 대표되는 진달래과 식물이 자리 잡으면서 대기중으로 방출되는 이산화탄소가 증가하였다[49]. 왜냐하면 진달래과 식물의 뿌리에 살고 있는 미생물이 토양 유기물

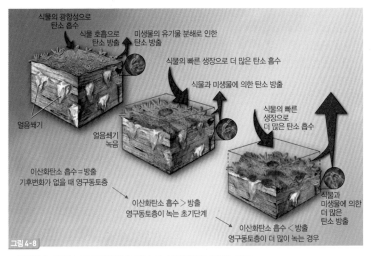

식물의 광합성으로
탄소 흡수

식물 호흡으로
탄소 방출

미생물의 유기물 분해로 인한
탄소 방출

식물의 빠른 생장으로 더 많은 탄소 흡수

식물과 미생물에 의한 탄소 방출

식물의 빠른
생장으로
더 많은 탄소 흡수

얼음쐐기

얼음쐐기
녹음

이산화탄소 흡수=방출
기후변화가 없을 때 영구동토층

이산화탄소 흡수＞방출
영구동토층이 녹는 초기단계

이산화탄소 흡수＜방출
영구동토층이 더 많이 녹는 경우

식물과
미생물에 의한
더 많은
탄소 방출

그림 4-8

동토가 녹으면서 툰드라의 이산화탄소 흡수와 방출에 생기는 변화

의 분해를 촉진했기 때문이다. 툰드라 생태계가 이산화탄소 흡수
원이 될지 아니면 공급원이 될지는 식물의 일차생산량과 미생물의
유기물 분해 속도에 달려있다.

　그렇다면 툰드라는 앞으로 관목이 증가하면서 온실기체를 흡수
하는 곳이 될까? 관목이 늘어날 때 생태계의 물리적 특성(토양 온
도, 수분 상태, 활동층의 깊이 등)과 기능(영양물질 순환, 질소 고정, 미
량기체 플럭스 등)이 어떻게 변할지 아직 우리는 모른다. 툰드라 지
역에 관목이 늘어난다고해서 광합성으로 인해 이산화탄소가 감
소할 것이라고 단정할 수는 없다. 실제 현장에서 온실기체의 변화

툰드라는 과거 1970년대 까지는 탄소 흡수 저장소였다. 하지만 1990년대 이후로 툰드라는 탄소를 방출하는 공급원이 되고 있다.

를 관측한 데이터가 부족하고, 생태계에서 일어나는 복잡한 상호 작용을 아직 충분히 이해하고 있지 못하기 때문이다. 그러나 현재까지 진행된 환북극 모델링 연구 결과에 따르면 1960~1970년대에는 툰드라 지역이 탄소를 흡수하는 저장소였던 반면, 1990년대 이후에는 탄소를 방출하는 공급원이 되고 있는 것으로 예측되고 있다[50].

툰드라는 변하고 있다. 기후모델에 따르면 2100년까지 북극은 최대 10도까지 기온이 높아진다고 한다. 이와 함께 동토는 줄어들 것으로 보인다. 이런 변화에 툰드라 생물과 생태계가 어떻게 반응할지 아직은 대답하기 어렵다. 아직 우리가 툰드라 생태계에 대해 모르는 부분이 너무 많기 때문이다.

극지과학자가 들려주는 툰드라 이야기

극지연구소에서는 2011년부터 '환북극 동토층 환경변화' 연구를 하고 있다. 이 연구를 통해 우리나라에서는 최초로 북극 다산과학 기지를 벗어나 다른 북극 툰드라 지역에서 장기간 관측할 수 있는 관측 거점을 확보하고 다양한 연구를 수행하고 있다(그림 4-9). 북극은 땅의 주인이 있기 때문에 관측 거점 하나를 확보하기 위해서도 수많은 이메일과 관측 허가를 얻기 위한 서류제출, 그리고 오랜 기다림이 필요했다. 지금도 매년 연구 계획서를 제출하고 허가를 받아야 현장에 연구 장비를 설치하고 연구용 시료를 가져올 수 있다. 2016년부터 2단계 연구가 진행되면 그동안 극지연구소에서 마련한 관측 거점에서 우리나라의 다양한 연구자들이 북극 툰드라 환경변화 연구를 할 수 있을 것이다.

그림 4-9

우리나라의 환북극 동토층 연구지

132

다산과학기지에서는 2002년부터 꾸준히 기상관측을 하고 있고, 2011년 이후에는 이산화탄소와 메탄 플럭스를 측정하고 있다. 또한 기후 변화와 관련해 관심이 높아지고 있는 황화합물인 디메틸설파이드의 농도도 측정하고 있다. 2014년부터 이 지역에서는 빙하후퇴지역의 생물 천이와 토양 발달도 연구 중이다. 다산기지가 위치한 스피츠베르겐 섬에서는 화석과 암석을 연구하기도 한다. 북극의 척박한 땅 위를 뒹굴고 있어 생명이라고는 도무지 존재할 것 같지 않은 돌덩어리 속에도, 눈에는 보이지 않지만 생명이 존재한다. 이런 연구는 지구 밖 어딘가에 존재할지 모르는 생명체의 가능성을 연구하는 기초자료가 될 것이다.

알래스카 수어드 반도에 있는 카운실은 높은 수분함량과 낮은 온도로 유기물 분해가 억제되어 30센티미터 이상의 이탄층이 형성되어 있다. 이 이탄층에서는 메탄과 이산화탄소가 방출되는데, 이들은 지구온난화를 일으키는 온실기체여서 주목받고 있다. 이곳에서 메탄과 이산화탄소의 흐름을 측정하고, 툰드라 식물이나 토양미생물이 이런 탄소의 움직임과 어떤 관련이 있는지 연구하고 있다(그림 4-10 a, b).

그림 4-10

(a) 알래스카 카운실에 설치된 기상관측 장비와 (b) 이산화탄소 플럭스 측정 장비
(c) 케임브리지 베이에 설치한 온도상승챔버 (d) 그린란드 자켄버그의 기후변화 모사실험지

캐나다 케임브리지 베이는 기후 예측 모델에 의하면 2040~2069
년 사이에 지금보다 대기 온도가 3.9도 높아지고 강수량도 18.6밀
리미터 증가할 것으로 예상된다. 그래서 우리는 앞으로 이루어질
이런 기후 변화를 흉내내기 위해 이 지역에 '온도상승챔버'를 설
치했다(그림 4-10 C). 설치한지 불과 3년 밖에 지나지 않았는데
온도가 높은 챔버 안쪽의 식물이 바깥쪽 식물보다 약간 더 잘 자
라는 것을 볼 수 있다. 이외에도 공기 중의 온실효과를 증폭시키
는 것으로 알려진 이산화탄소와 메탄, 블랙카본의 양을 꾸준히 측

정하고 있다. 블랙카본은 인간 활동에 의해 발생한 아주 작은 탄소 덩어리로, 최근에 온실효과와의 관련 여부에 많은 관심이 쏠리고 있다. 캐나다는 이곳에 2017년 완공을 목표로 새로운 고위도 극지연구기지를 건설하고 있다. 우리는 이곳에서 캐나다와 협력하여 북극에 대한 연구역량을 강화할 계획이다.

그린란드 자켄버그에서는 1995년부터 기후, 빙하, 지질, 생물, 해양 분야 모니터링이 진행되고 있다. 생물 모니터링을 통해 이 지역에 살고 있는 식물과 동물을 매년 꾸준히 관측하고 있다. 이 지역은 모니터링을 시작한 이후 온도 상승과 강수량 증가가 관찰되었다. 기후 변화모델에 따르면 이 지역은 앞으로 10~40년 내에 겨울과 봄 기온이 3.2~4.6도 상승하고, 2051~2080년 사이에 강수량이 60퍼센트 이상 증가할 것으로 예측되었다. 다시 말해 대기와 토양의 온도가 높아지고 구름과 눈 또는 비의 양이 많아진다는 것이다. 코펜하겐 대학의 앤더스 미켈센 교수는 이 지역에서 온도가 높아지고 구름이 많아지면 식물이 어떻게 변할지 기후 변화 모사 실험을 하고 있다(그림 4-10 d). 우리는 여기에서 토양 온도가 높아지고 구름이 많아질 때 토양에 살고 있는 미생물의 종류가 어떻게 변하는지, 그리고 토양 유기탄소의 질이 어떻게 변하는지 연구하고 있다. 앞으로 북극점에서 가장 가까운 과학기지인 그린란드 노르드와 러시아 시베리아에도 관측 거점을 만들 계획이다.

툰드라에서 우리가 겪은 일들

우리가 일 년 내내 북극에서 살 수는 없기 때문에 반복되는 간단한 일은 현지인의 도움을 받고 있다. 이들은 여름철에 일주일에 한 번씩 증류수를 실험구에 주고 사진을 찍어서 보내준다. 그리고 대기 관측 장비가 제대로 작동하고 있는지 확인하기 위해 한 달 동안 모인 각종 관측 자료와 관측 지점 주변 사진을 보내준다. 한 달에 두세 번 정도 메일을 받는다. 일상적으로 주고받는 메일 이외에 케임브리지 베이에서 오는 긴급한 메일은 솔직히 반갑지 않다. 무소식이 희소식이라고, 대부분 안 좋은 소식이기 때문이다. 2013년 8월과 2014년 7월에 케임브리지 베이에 강풍이 불어서 기후변화 모사실험 장비가 모두 날아갔다는 소식을 받고 우리 연구원이 바로 현장으로 날아간 일이 있었다. 이 밖에도 데이터 저장 장치의 파손, 장비와 컴퓨터 사이의 블루투스 연결 끊김, 추위로 관측 장비 센서에 성에가 꼈다는 메일이 날아온다. 이처럼 북극 현장에서는 수시로 문제가 발생한다.

강풍에 날아간 실험장비

북극에서는 야외로 나갈 때, 북극곰의 위협으로부터 자신을 보호하기 위해 항상 총을 갖고 다녀야 한다. 총을 빌리기 위해서는 사격훈련을 받고 자격증도 따야 한다. 그래서 다산과학기지나 그린란드 자켄버그에 도착하면 가장 먼저 북극곰을 만났을 때 대처하는 방법과 총기 사용 교육을 받고 사격 훈련을 한다. 2013년 기지 근처까지 곰이 나타났다고 해서 기지촌의 모든 연구원들이 북극곰의 행로에 촉각을 곤두세우고 있었는데, 하필 그 때 샘플링을 하러 가야하는 연구원이 있어서 할 수 없이 밖으로 나갔다. 그런데 갑자기 뒤쪽에서 곰이 으르렁거리는 듯한 엄청 큰 소리가 났다. 그 소리를 듣자마자 모든 연구원들이 동시에 빛의 속도로 뒤도 안돌

아보고 뛰었는데 다행히 곰은 아니어서 다 같이 한숨을 돌린 적이
있다. 그 정도로 현장에서 북극곰은 위험하고 무서운 존재다.

(a)자켄버그에서 야외 탐사를 나가기 전에 총을 준비하는
모습 (b)다산과학기지에서 사격훈련을 받는 모습

기지가 없으면 현장 활동이 두 배는 힘들어진다. 아침밥도 알아
서 챙겨 먹고 점심 도시락에 물과 간식까지 싸서 챙겨 가야 한다.
기지가 없는 알래스카에서 우리가 탐사를 나가기 전 가장 먼저 한
일은 차량을 빌리고, 며칠 동안 먹을 음식을 준비하러 장보는 일이
었다. 첫 해는 현지 식당에서 캠핑 도구를 빌려 한국에서 가져 온
라면을 끓여 햇반과 함께 먹었다. 물론 라면 끓일 물도 사서 가져
갔다. 힘들게 일 한 뒤라 그랬는지 라면과 밥이 너무나 맛있었다.
밥을 먹을 때도 봐 주지 않고 달려드는 모기를 피하느라 계속 움직

극지과학자가 들려주는 툰드라 이야기

이면서 한 젓가락이라도 더 먹으려고 했다.

북극에서 모기를 만날 것이라고는 상상도 못했다. 그런데 얼마나 떼로 몰려드는지 정말 괴로웠다. 모기를 피해 방충 모자를 쓰고 일을 하기는 하지만, 모기에 물리는 것을 피할 수는 없

알래스카 연구 현장에서 모기를 막기 위해 방충 모자를 쓰고 연구하는 모습

었다. 그저 모기와의 만남도 연구의 일부로 받아들이는 수밖에.

북극 현장에서 연구하는데 가장 필수적인 요소는 체력이다. 가능한 한 척박하고 생명이 살기 어려운 곳을 탐색하기 위해 우리는 경사가 45도가 넘는 산을 오르는가 하면 사람의 발로 이동할 수밖에 없는 험한 돌길을 가야 한다. 헬기를 타고 베이스캠프에서 수십 킬로미터나 떨어진 지역을 탐사하러 가거나, 작은 보트를 타고 30분 이상을 달려 기지에서 멀리 떨어진 다른 지역을 탐사하기도 했다. 날씨가 좋지 못한 날엔 보트가 거의 뒤집어 질 정도로 파도가 높아서 가는 도중에 되돌아 와야만 할 때도 있었다. 차가운 북극 바다 속에 빠지지 않을까, 아찔한 순간이었다. 사람은 빠지지 않았지만 배를 덮친 물에 배낭이 잠기면서 카메라 한 대가 사망(?)하는

안타까운 일도 있었다. 아침에 출발할 때는 최대한 배낭을 가볍게 한다. 왜냐하면 돌아올 때는 무거운 돌이나 토양 시료로 배낭을 가득 채우기 때문이다. 탐사를 마치면 20~30킬로그램이나 되는 배낭을 메고 한 시간 넘게 걸어서 기지로 돌아오기 때문에 기지에 도착하면 녹초가 되어 밥 먹을 힘조차 남지 않게 된다. 북극 연구에서 가장 중요한 건 역시 체력이다!

해마다 여름이면 우리는 북극 툰드라 땅을 밟습니다. 북극에 갈 때 마다 감탄하는 것은 깨끗하고 맑은 공기입니다. 우리나라 공기보다 먼지가 천분의 일 밖에 되지 않기 때문이지요. 이처럼 맑은 공기 덕분인지 북극에 가면 알레르기 비염 증세가 사라집니다. 툰드라 땅에 앉아 연구에 쓸 흙을 정리하다 보면 나도 모르게 고요함이 주는 평안함 속에 빠져듭니다. 툰드라가 주는 이런 느낌을 이 책에서 미처 다 전하지 못해 아쉬움이 남습니다.

툰드라에는 아직도 많은 이야기가 남아 있습니다. 툰드라에 잇대어 사는 사람들, 자연의 일부로 살아가는 그들의 지혜와 경험들, '눈雪'을 가리키는 낱말만 해도 수십 가지가 있다는 그들의 언어와 지식, 언젠가 우리의 선조들과 만주 벌판에서 만났을지도 모르는 그들의 역사. 이런 것들이 다 사라지기 전에 누군가 기록을 남겨주었으면 좋겠습니다.

지구온난화가 지금처럼 계속된다면 툰드라는 점점 줄어들 것입니다. 우리가 툰드라를 다 이해하기도 전에 사라져 버릴지도 모릅니다. 툰드라의 동토가 녹고 나무가 자라기 시작한다면 이곳의 생물은 어떻게 될지, 또한 이런 변화는 우리에게 어떤 영향을 줄지. 아직도 우리가 알아야 할 것이 많습니다. 이런 질문의 답을 찾으려고 우리는 매년 툰드라의 흙을 파서 우리나라로 가져옵니다. 북극 툰드라 고향땅을 떠나 낯선 한국으로 강제 이주 당한 툰드라 흙과 그 속에 사는 생물들이 의미있는 마무리를 할 수 있도록, 우리는 0.1그램의 흙이라도 허투로 쓰지 않고 열심히 연구하고 있습니다. 언젠가 우리의 연구 결과를 독자들과 함께 나누는 자리를 마련해 보고 싶습니다.

《툰드라 이야기》가 나오기까지 많은 분들의 도움이 있었습니다. 해마다 북극 툰드라 오지에서 함께 고생하며 툰드라 연구를 함께 하고 있고 이번 책을 위해 사진도 제공해 준 남성진, 김혜민, 권혜영, 최용회, 경혜련, 김세은 연구원과 김옥선 박사, 참고문헌과 툰드라 생물 목록 정리를 도와 준 박기헌, 용어를 검토해 준 이제인 연구원에게 고마움을 전합니다. 〈툰드라에서 우리가 겪은 일들〉은 우리 연구원들이 직접 전하는 이야기입니다. 이 책의 미생물 부분을 검토해 준 극지연구소 김민철 박사와 동토 부분을 검토해 준 부산대학교 임현수 교수님, 멋진 사진 제공해 주신 극지연구소 홍순

규 박사님, 지오북 황영심 대표님, 국립생태원 한동욱 박사님, 서울 대학교 이민진 연구원, 프랑스 툴루즈대학 도미니크 라플리 Dominique Laffly 교수님, 프랑스 국립과학연구소 기능 및 진화 생태 학 센터CNRS-CEFE의 만프레드 앙스티프Manfred Enstipp 박사, 미국 캔사스 대학의 케이트 버커릿지Kate Buckeridge 박사, 노르웨이 트 롬소 대학 롤프 임스Rolf A. Ims 교수, 그리고 전문가의 눈으로 글을 검토해 주신 조선일보 전근영 기자에게도 감사드립니다.

극지이야기를 책으로 펴 낼 수 있도록 지원해 주신 극지연구소 김예동 소장님과 강천윤 장보고기지 2015년 월동대 대장님, 극지 연구를 시작하도록 이끌어 주신 이홍금 전 소장님께도 감사드립니다. '환북극 동토층 환경변화 관측시스템 원천기술 개발 및 변화 추이 연구NRF-2011-0021063, NRF-2011-0021067'를 지원해 준 미래창조 과학부와 한국연구재단, 그리고 과제 책임자이신 이방용 극지연구 소 북극환경자원연구센터장님, 북극에서 함께 고생한 윤영준 박사 님, 김백민 박사, 박상종 박사, 최태진 박사, 채남이 박사, 서울대 이 은주 교수님과 노희명 교수님, 연세대 강호정 교수님께 감사드립니 다. 이 연구가 없었다면 우리는 툰드라 땅을 밟아볼 수 없었을 것입 니다. '다산과학기지 기반 지질-대기-생태 환경변화 연구PE 15030' 를 지원해 준 극지연구소와 이종익 박사님, 이미정 박사님, 우주선 박사, 박태윤 박사께도 감사드립니다. 덕분에 스발바르 구석구석의

멋진 사진을 사용할 수 있었습니다.

툰드라 연구의 첫 문을 열어 준 알래스카대학의 래리 힌즈만Larry Hinzman님과 김용원 교수님, 초기에 알래스카 현장 활동을 도와주신 이열 목사님, 그린란드 자켄버그에서 연구할 수 있도록 자리를 만들어 주신 덴마크의 앤더스 미켈슨Anders Michelsen 교수님과 모르텐 래쉬Morten Rasch 교수님에게도 감사드립니다.

필요한 논문을 찾아주고 글을 쓰도록 꾸준히 격려해 준 극지연구소 박현이 님, 편집 마무리를 도와준 최지애 님, 내용을 잘 이해할 수 있도록 그림을 그리신 김진희 님, 디자인을 한 분들의 도움이 없었다면 이 책이 나오기 힘들었을 것입니다.

마지막으로 초고를 읽고 가장 먼저 독자 의견을 전해 준 해나와 다윗, 책을 쓰는데 집중할 수 있도록 크고 작은 지원을 아끼지 않으신 양가 부모님들, 그리고 매년 여름 북극으로 훌쩍 떠나는 우리를 사랑으로 격려해 준 평생의 동반자들께 감사를 드립니다.

극지과학자가 들려주는 툰드라 이야기

용어설명

● **개체군**population**과 군집**community

개체군은 한 가지 종species으로 구성된 생물의 집단을 말한다. 군집은 한 지역에 모여 살면서 긴밀한 상호 작용을 하는 개체군들의 집단을 말한다. 개체군이 한 가지 생물로 구성된 반면, 군집은 다양한 종류의 생물로 구성된 집단이다. 식물로만 이루어진 군집은 '군락'이라고도 한다.

● **관속식물**vascular plant**과 비관속식물**nonvascular plant

식물은 물관과 체관으로 구성된 관다발이 잘 발달한 관속식물과 관다발이 뚜렷하지 않은 비관속식물로 구분된다. 관속식물에는 석송식물, 양치식물, 소철, 은행나무, 소나무를 비롯한 구과식물, 현화식물이 있다. 비관속식물에는 우산이끼류태류, Liverwort, 뿔이끼류각태류, Hornwort, 솔이끼류선류, Moss가 있다.

● **나무**tree**와 수목한계선**timber line

나무는 소나무나 느티나무처럼 중심이 되는 줄기가 있는 교목喬木을 말하며, 다른 말로 수목樹木이라고도 한다. 반면 진달래나 개나리처럼 중심 줄기가 없고 키가 비교적 작게 자라는 식물은 관목灌木, shrub이라고 한다. 수목한계선timber line은 나무, 즉 교목이 자랄 수 있는 서식지의 가장자리로 교목한계선tree line이라고도 한다. 주로 고산 지역과 사막, 북극에 자리 잡고 있다.

● **북극해**Arctic Ocean

북극해는 북극에 위치한 바다이다. 우리나라 동해나 서해와 같이 작은 바다는 ~해, 태평양이나 대서양처럼 큰 바다는 ~양이라고 부른다. 북극해는 5대양에 들어가는 큰 바다이며 얼음으로 덮여 있으므로 북빙양北氷洋이라고 부르는 것이 정확하다. 하지만 북극해라는 이름이 널리 알려져 있으므로 이 책에서는 북극해라는 용어를 사용했다.

● **분류체계**Hierarchy

분류체계는 생물을 분류할 때 사용하는 체계로서 현대 분류학에서는 종-속-과-목-강-문-계 순서로 생물을 묶는다. 서로 비슷한 종끼리 모이면 속屬, genus, 서로 가까운 속끼리 모이면 과科, family, 가까운 과끼리 모이면 목目, order, 비슷한 목끼리 모이면 강綱, class, 강끼리 모이면 문門, phylum, 문끼리 모이면 계系, Kingdom라고 한다.

● **식생**vegetation

식생은 열대우림, 사바나 초원, 침엽수림처럼 어떤 지역을 차지하고 있는 식물 종 전체를 통틀어서 가리키는 말이다.

● **아북극**sub-Arctic**과 한대**boreal

아북극은 북극 바로 아래쪽 지역으로 알래스카, 캐나다, 아이슬란드, 시베리아, 스칸디나비아 북부에 위치한다. 지역에 따라 차이는 있지만 대개 북위 50~70도 사이에 위치한다. 아북극 지역을 종종 숲툰드라forest tundra 또는 한대툰드라boreal tundra라고 부르기도 한다. 비록 툰드라고 불리기는 하지만, 이 지역은 엄밀하게 말하면 툰드라가 아니라 타이가 지역이다. 한대는 아북극과 거의 같은 의미로 사용되지만, 중위도 고산지대를 포함한다는 점에서 아북극과 차이가 있다.

● **알베도**albedo

햇빛을 반사하는 비율로 0에서 1 사이의 값으로 나타낸다. 예를 들어 햇빛을 모두 반사하면 알베도는 1, 모두 흡수하면 알베도는 0이 된다.

● **천이**succession

어떤 지역의 생물 군집이 환경의 변화에 따라 새로운 생물 군집으로 변해가는 과정을 말한다. 예를 들어 빙하가 녹으면 그동안 빙하 밑에 있던 지면이 새로 드러난다. 여기에 유기물이 거의 없어도 자랄 수 있는 개척자 식물이 들어오고, 점차 토양이 만들어지고 유기물이 쌓이면 다양한 식물이 자라게 된다.

● **타이가**taiga

잣나무, 가문비나무, 전나무, 낙엽송과 같은 침엽수가 우점하는 지역이다. 북위 50~70도 사이에 위치하고 육상 생물군계 중 가장 면적이 넓다. 타이가 지역은 boreal forest 또는 snow forest라고도 한다.

● **툰드라**tundra

낮은 온도와 짧은 생장 기간으로 키가 큰 나무가 자라지 못하는 생물군계다. 툰드라는 북극 원주민인 사미Saami족의 말로 나무 없는 넓은 벌판을 가리키는 tūndar에서 온 말이다. 툰드라 지역은 강수량이 적고 기온이 낮으며 영구동토층에 위치하여 식물이 뿌리를 깊이 내리지 못한다. 따라서 툰드라에는 나무가 자라지 못하고 이끼와 지의류, 초본이 자란다. 툰드라는 북극과 남극, 고산지대에 분포한다.

참고 문헌

1 Wilson DE, Reeder DM, *et al*. 2005. *Mammal Species of the World*, 3rd edition. Johns Hopkins University Press.

2 Chapman AD. 2006. *Numbers of living species in Australia and the World*. Australian Biological Resources Study.

3 http://www.speedofanimals.com/animals/polar_bear

4 Durner GM, Whiteman JP, Harlow HJ, *et al*. 2011. Consequences of long-distance swimming and travel over deep-water pack ice for a female polar bear during a year of extreme sea ice retreat. *Polar Biology* 34:975–984.

5 Preuß A, Gansloßer U, Purschke G, *et al*. 2009. Bear-hybrids: behaviour and phenotype. *Der Zoologische Garten* 78:204–220.

6 Edwards CJ, Suchard MA, Lemey P, *et al*. 2011. Ancient hybridization and an Irish origin for the modern polar bear matriline. *Current Biology* 21:1251–1258.

7 Øritsland NA. 1970. Temperature regulation of the polar bear (*Thalarctos maritimus*). *Comparative Biochemistry and Physiology* 37:225–233.

Blix AS, Lentfer JW. 1979. Modes of thermal protection in polar bear cub at birth and on emergence from the den. *American Journal of Physiology* 236:R67–R74.

Best RC. 1982. Thermoregulation in resting and active polar bears. *Journal of Comparative Physiology* 146:63–73.

Hurst RJ, Oritsland NA, Watts PD. 1982. Body mass, temperature and cost of walking in polar bears. *Acta Physiologica Scandinavica* 115:391–395.

8 Marion S, Lydia K. 2008. Thermoregulation in polar bears-preliminary results. *Thermotec Fischer*.

9 Lavigne DM, Øritsland NA. 1974. Black polar bears. *Nature* 251:218–219.

Øritsland NA, Ronald K. 1978. Solar heating of mammals: Observations of hair transmittance. *International Journal of Biometeorology* 22:197–201.

10 Flood PF, Abrams SR, Muir GD, *et al.* 1989. Odor of the muskox. *Journal of Chemical Ecology* 15:2207–2217.

11 Bromaghin JF, Trent L, *et al.* 2014. Polar bear population dynamics in the southern Beaufort Sea during a period of sea ice decline. *Ecological Applications* 25:634–651.

12 Hamilton SG, de la Guardia LC, Derocher AE, *et al.* 2014. Projected polar bear sea ice habitat in the Canadian Arctic Archipelago. *PLoS ONE* 9:e113746.

13 http://www.nature.com/nature/journal/v278/n5703/abs/278445a0. html
http://news.bbc.co.uk/2/hi/asia-pacific/3518631.stm
http://news.bbc.co.uk/2/hi/science/nature/7605577.stm
http://news.khan.co.kr/kh_news/khan_art_view.html?artid=20110 4112007125

14 Banfield AWF. 1961. A revision of the reindeer and caribou, Genus *Rangifer. National Museum of Canada Bulletin No. 177 Biological Series No. 66.*

Flagstad O, Røed KH. 2003. Refugial origins of reindeer (*Rangifer tarandus* L) inferred from mitochondrial DNA sequences. *Evolution* 57:658–670.

Patton JC. 2005. Variation in mitochondrial DNA and micro-satellite DNA in caribou (*Rangifer tarandus*) in North America. *Journal of Mammalogy* 86:495–505.

15 Joo S, Han D, Lee EJ, *et al.* 2014. Use of length heterogeneity polymerase chain reaction (LH-PCR) as non-invasive approach for dietary analysis of Svalbard reindeer, *Rangifer tarandus platyrhynchus. PLoS ONE* 9:e91552.

16 Joly K, Jandt RR, Klein DR. 2009. Decrease of lichens in Arctic ecosystems: the role of wildfire, caribou, reindeer, competition and climate in north-western Alaska. *Polar Research* 28:433–442.

17 Gunn A, Miller FL, Thomas DC. 1981. The current status and future of Peary Caribou *Rangifer tarandus pearyi* on the Arctic Islands of Canada. *Biological Conservation* 19:283–296.

Gunn A, Miller FL, Barry SJ, Buchan A. 2006. A near-total decline in caribou on Prince of Wales, Somerset, and Russell Islands, *Canadian Arctic* 59:1–13.

18 Yoshitake S, Uchida M, Koizumi H, *et al*. 2010. Production of biological soil crusts in the early stage of primary succession on a high Arctic glacier foreland. *New Phytologist*. 186:451–460.

19 Brochmann C, Brysting AK, Alsos IG, *et al*. 2004. Polyploidy in arctic plants. *Biological Journal of the Linnean Society* 82:521–536.

20 Chapin FS, Moilanen I, Kielland K. 1993. Prefential use of organic nitrogen for growth by a non-mycorrhizal arctic sedge. *Nature* 361:150–153.

21 Elven R, Murray DF, Razzhivin VY, *et al*. 2011. *Annotated Checklist of the Panarctic Flora (PAF) Vascular plants*. Natural History Museum, University of Oslo. nhm2.uio.no/paf

22 Xu L, Myneni RB, Chapin FS, *et al*. 2013. Temperature and vegetation seasonality diminishment over northern lands. *Nature Climate Change* 3:581–586.

23 Epstein HE, Raynolds MK, Walker DA, *et al*. 2012. Dynamics of aboveground phytomass of the circumpolar Arctic tundra during the past three decades. *Environmental Research Letters* 7:015506.

24 Bhatt US, Walker DA, Raynolds MK, *et al*. 2010. Circumpolar Arctic tundra vegetation change is linked to sea ice decline. *Earth Interactions* 14:1–20.

25 Gauthier G, Bêty J, Cadieux M-C, *et al*. 2013. Long-term monitoring at multiple trophic levels suggests heterogeneity in responses to climate change in the Canadian Arctic tundra. *Philosophical Transactions of the Royal Society B* 368:20120482.

26 Daniels FJA, de Molenaar JG. 2011. Flora and vegetation of Tasiilaq, formerly Angmagssalik, Southeast Greenland: A comparison of data between around 1900 and 2007. *Ambio* 40:650–659.

27 Macias-Fauria M, Forbes BC, Zetterberg P, *et al.* 2012. Eurasian Arctic greening reveals teleconnections and the potential for structurally novel ecosystems. *Nature Climate Change* 2:613–618.

28 Parent MB, Verbyla D. 2010. The browning of Alaska's boreal forest. *Remote Sensing* 2:2729–2747.

29 Sturm M. 2010. Arctic plants feel the heat. *Scientific American* 302:66–73.

30 Bhatt US, Walker DA, Raynolds MK, *et al.* 2013. Recent declines in warming and vegetation greening trends over pan-Arctic tundra. *Remote Sensing* 5:4229–4254.

31 Walker DA, Raynolds MK, Daniëls FJA, *et al.* 2005. The Circumpolar arctic vegetation map. *Journal of Vegetation Science* 16:267–282.

32 Stirling I. 1974. Midsummer observations on the behavior of wild polar bears (*Ursus maritimus*). *Canadian Journal of Zoology* 52:1191-1198.

Stirling I. 2002. Polar bears and seals in the Eastern Beaufort Sea and Amundsen Gulf: A synthesis of population trends and ecological relationships over three decades. *Arctic* 55: 59–76.

Stirling I. Parkinson CL. 2006. Possible effects of climate warming on selected populations of polar bears (*Ursus maritimus*) in the Canadian Arctic. *Arctic* 59: 261–275.

33 Fierer N, Strickland MS, Liptzin D, *et al.* 2009. Global patterns in belowground communities. *Ecology Letters* 12:1238–1249.

34 Bousfield MA, Syroechkovskiy YV. 1985. A review of Soviet research on the Lesser Snow Goose on Wrangel Island, USSR. *Wildfowl* 36:13–20.

35 Jenkins DA, Campbell M, Hope G, *et al*. 2011. Recent trends in abundance of Peary Caribou (*Rangifer tarandus pearyi*) and Muskoxen (*Ovibos moschatus*) in the Canadian Arctic Archipelago, Nunavut. Department of Environment, Government of Nunavut, Wildlife Report No. 1, Pond Inlet, Nunavut. pp. 184.

36 IPCC 2007. *Intergovernmental Panel on Climate Change, 4th Assessment Report*. Cambridge University Press.

37 Bartsch A, Kumpula T, Forbes BC, *et al*. 2010. Detection of snow surface thawing and refreezing in the Eurasian Arctic with QuikSCAT: Implications for reindeer herding. *Ecological Applications* 20:2346–2358.

Bhatt US, Walker DA, Raynolds MK, *et al*. 2010. Circumpolar Arctic tundra vegetation change is linked to sea ice decline. *Earth Interactions* 14:1–20.

Hu FS, Higuera PE, Walsh JE, *et al*. 2010. Tundra burning in Alaska: Linkages to climatic change and sea ice retreat. *Journal of Geophysical Research - Biogeosciences* 115: G04002.

Derksen C, Brown R. 2012. Spring snow cover extent reductions in the 2008-2012 period exceeding climate model projections. *Geophysical Research Letters* 39: L19504.

Xu L, Myneni RB, Chapin FS, *et al*. 2013. Temperature and vegetation seasonality diminishment over northern lands. *Nature Climate Change* 3: 581–586.

38 Callaghan TV, Johansson M, Brown RD, *et al*. 2011. The changing face of Arctic snow cover: A synthesis of observed and projected changes. *Ambio* 40:17–31.

39 Coulson SJ, Leinaas HP, Ims RA, *et al*. 2000. Experimental manipulation of the winter surface ice layer: The effects on a high arctic soil microarthropod community. *Ecography* 23:299–306.

Stien A, Ims RA, Albon SD, *et al*. 2012. Congruent responses to weather variability in high arctic herbivores. *Biology Letters* 8:1002–1005.

Hansen BB, Grøtan V, Aanes R, *et al*. 2013. Climate events synchronize the dynamics of a resident vertebrate community in the High Arctic. *Science* 339: 313–315.

40 Sturm M, Schimel J, Michaelson G, *et al.* 2005b. Winter biological processes could help convert arctic tundra to shrubland. *Bioscience* 55:17–26.

41 Morgner E, Elberling B, Strebel D, *et al.* 2010. The importance of winter in annual ecosystem respiration in the High Arctic: Effects of snow depth in two vegetation types. *Polar Research* 29:58–74.

42 Derksen C, Brown R. 2012. Spring snow cover extent reductions in the 2008-2012 period exceeding climate model projections. *Geophysical Research Letters* 39:L19504.

43 Parmentier FJW, van der Molen MK, van Huissteden J, *et al.* 2011. Longer growing seasons do not increase net carbon uptake in the northeastern Siberian tundra. *Journal of Geophysical Research - Biogeosciences* 116: G04013.

44 Cahoon SMP, Sullivan PF, Post E, *et al.* 2012. Large herbivores limit CO_2 uptake and suppress carbon cycle responses to warming in West Greenland. *Global Change Biology* 18:469–479.

45 Sjogersten S, van der Wal R, Loonen M, *et al.* 2011. Recovery of ecosystem carbon fluxes and storage from herbivory. *Biogeochemistry* 106:357–370.

46 Olofsson J, Ericson L, Torp M, *et al.* 2011. Carbon balance of Arctic tundra under increased snow cover mediated by a plant pathogen. *Nature Climate Change* 1:220–223.

47 Heliasz M, Johansson T, Lindroth A, *et al.* 2011. Quantification of C uptake in subarctic birch forest after setback by an extreme insect outbreak. *Journal of Geophysical Research-Biogeosciences* 38: 5.

48 Sikorski J. 2015. The Prokaryotic Biology of Soil. *Soil Organisms* 87:1-28.

49 Wallenstein MD, McMahon S, Schimel J. 2007. Bacterial and fungal community structure in Arctic tundra tussock and shrub soils. *FEMS Microbiology Ecology* 59: 428–435.

50 Hayes DJ, McGuire AD, Kicklighter DW, *et al.* 2011. Is the northern high-latitude land-based CO_2 sink weakening? *Global Biogeochemical Cycles* 25: GB3018.

그림출처 및 저작권

그림 1-1	이유경
그림 1-2	지구 백과사전(Encyclopedia of Earth) http://www.eoearth.org/files/145501_145600/145578/boundaries_of_the_arctic_large.jpg
그림 1-4	이유경
그림 1-5	National Geographic 2007을 다시 그림
그림 1-6	미국 지질조사국(U.S. Geological Survey) http://pubs.usgs.gov/pp/p1386a/images/gallery-5/full-res/pp1386a5-fig03.jpg
그림 1-7	이유경
그림 1-8	Schaetzl RJ, Anderson S. 2005. *Soils: Genesis and Geomorphology.* p. 266.
그림 1-9	황영심
그림 1-10	정지영
그림 1-11	http://research.iarc.uaf.edu/permafrost/dic_permafrost.htm
그림 1-12	CAFF. 2013. Arctic Biodiversity Assessment.
그림 1-13	정지영
그림 1-14	http://gtnp.arcticportal.org/
그림 1-15	(a) http://permafrosttunnel.crrel.usace.army.mil/permafrost/massive_ice.html (b) (c) 정지영
그림 1-16	low-centered polygon http://www.awi.de/de/aktuelles_und_presse/pressemitteilungen/detail/item/higher_wetland_methane_emissions_caused_by_climate_warming_40000_years_ago/?cHash=e7c8e68d37e2788325c78bb202207665 high-centered polygon Hannes Grobe(Wikimedia Commons)
그림 1-17	정지영
그림 1-18	징지엉

그림출처 및 저작권 계속 ▶

그림 3-12	황영심
그림 3-13	황영심
그림 3-14	CAFF. 2013. Arctic Biodiversity Assessment.

그림 4-1	http://www.arcticatlas.org/photos/mapunits/graphicsEnlargement php?regionCode=cp&filename=cp_biozone_la
그림 4-2	Rolf A. Ims Gauthier G. *et al*. 2013. Long-term monitoring at multiple trophic levels suggests heterogeneity in responses to climate change in the Canadian Arctic tundra. *Phil. Trans. R. Soc. B* 368:20120482의 그림을 수정
그림 4-3	CAFF. 2013. Arctic Biodiversity Assessment.
그림 4-4	Kate Buckeridge
그림 4-5	이유경
그림 4-6	Kate Buckeridge
그림 4-7	CAFF. 2013. Arctic Biodiversity Assessment.
그림 4-8	Credit: Zina Deretsky, US National Science Foundation
그림 4-9	National Geographic 2007을 다시 그림
그림 4-10	황영심, 홍순규, 정지영
부록	남성진, 이유경, 경혜련, 정지영, 최용회

더 읽으면
좋은 자료들

단행본

- 하호경, 김백민, 2014.《극지과학자가 들려주는 기후 변화 이야기》, 지식노마드 – 지구온난화에 의한 기후 변화의 과학적 원리를 극지역의 해양 순환과 대기 흐름, 해양과 대기면에 존재하는 얼음의 움직임을 통해 설명한다.

- 김학준, 강성호, 2014.《극지과학자가 들려주는 결빙방지단백질 이야기》지식노마드 – 영하의 환경에서 극지 생물이 얼지 않고 살아가도록 도와주는 결빙방지단백질을 소개한다.

- 김준호, 2012,《어느 생물학자의 눈에 비친 지구온난화》서울대학교출판문화원 – 생태학자인 저자가 지구온난화를 이해하기 위한 기초 지식을 지구물리학, 기후시스템, 온실 효과의 관점에서 설명하고, 지구온난화가 생물과 생태계에 미치고 있는지 알려주며, 우리가 지구온난화에 어떻게 대응해야 할지를 보여준다.

- 배리 로페즈, 2014,《빛과 얼음의 땅 북극을 꿈꾸다》봄날의 책 – 저자가 북극 현장에서 만난 북극 툰드라의 낮과 밤, 사향소와 북극곰, 일각고래와 순록, 오로라와 얼음, 북극의 사람들에 대해 알려주는 과학에세이

- 윌리엄 프루이트 지음, 2006,《와일드 하모니》이다미디어 – 생태학자인 저자가 알래스카에서 직접 탐사한 북극 타이가 숲과 나무, 타이가의 동물들과 북극곰을 사냥하며 살아가는 아타파스칸족, 황폐해 지고 있는 알래스카 생태계를 세밀하게 그려주는 생태학 책

- Arctic Climate Impact Assessment (ACIA), 2004, *Impacts of a warming Arctic: ACIA Overview report*, Cambridge University Press. 140 pp. – 더워지고 있는 북극 기후 변화 현상과 영향에 대해 포괄적이고 상세하게 정리한 책

- Arctic Monitoring and Assessment Programme (AMAP), 2012, *Arctic Climate Issues 2011: Changes in Arctic Snow, Water, Ice and Permafrost*, SWIPA 2011 Overview Report, AMAP, Oslo. 97 pp. – 북극에서의 기후변화 원인, 현상, 향후 예측, 영향 및 정책 입안자들을 위한 제안 등이 포함되어있는 보고서

- Chan S, 1999, *Atlas of Key Sites for Cranes in the North East Asian Flyway*, Wetlands International. 67 pp. – 동북아시아에서 두루미들이 새끼 낳는 장소부터 월동지까지 분포 및 이동, 주요 서식처와 개체군 특성을 정리한 책

- Chapin FS, Jefferies RL, Reynolds JF, Shaver GR, Svoboda J., 1991, *Arctic Ecosystems in a Changing Climate: An Ecophysiological Perspective*, 469 pp. - 북극 기후 변화가 생물, 생태계에 미치는 영향을 생리생태학적 수준에서 기술

- Conservation of Arctic Flora and Fauna (CAFF), 2001, *Arctic Flora and Fauna: Status and Conservation*, Edita, Helsinki. 266 pp. - 최초의 환북극 생물다양성에 대한 전반적인 보고

- Conservation of Arctic Flora and Fauna (CAFF), 2013, *Arctic Biodiversity Assessment-Status and trends in Arctic biodiversity*. Naarayana, Denmark. 674 pp. - 북극 생물다양성의 현황과 개체군의 크기와 분포에 대한 경향 및 미래에 대한 예측 등이 수록된 책

- Hans M, Torben RC, Bo E, Mads CF Morten R(eds.), 2008, *Advances in Ecological Research 40: High-Arctic Ecosystem Dynamics in a Changing Climate*. 563 pp. - 고위도 북극인 그린란드 자켄버그 지역에서 10년 동안 진행한 생태연구를 정리한 책

- Jones A, Stolbovay V, Tarnocai C, Broll G, Spaargaren O, Montanarella L(eds.), 2010, *Soil Atlas of the Northern Circumpolar Region*, Publications Office of the European Union, Luxembourg. 144 pp. - 환북극 지역의 토양 정보 및 추운지역에서 나타나는 토양 형성 과정 등을 설명한 책

- Permafrost, 2007, *National Geographic*. December. pp.136–155. - 영구 동토지역에서 볼 수 있는 경관, 현상들을 멋진 사진자료와 함께 쉽게 설명하고 있음

- The Big Thaw. 2007. *National Geographic*. June. pp. 56–71. - 기후 변화로 빙하와 극지역 얼음이 녹는 현상들을 보여줌

논문

- Fraser RH, Lantz TC, Olthof I, Kokelj SV, Sims RA. 2014. Warming-induced shrub expansion and lichen decline in the western Canadian Arctic. *Ecosystems* 17: 1151–1168. - 위성자료와 항공사진을 통하여 지난 30년 동안 캐나다의 서북극 지역에서 관목이 늘어나고 지의류가 감소함을 보여준다.

- Meltofte H, Høye TT, Schmidt NM, Forchhammer MC. 2007. Differences in food abundance cause inter-annual variation in the breeding phenology of High Arctic waders. *Polar Biology* 30: 601–606. – 고위도 북극에서 먹이와 눈이 없는 땅의 면적이 섭금류의 알 낳는 시기에 영향을 미친다는 내용을 담고 있다.
- Peterson KM. 2014. Plants in Arctic environments. *Ecology and the Environment* pp. 363–388. – 북극에서 식물들의 특성, 추위에 대한 생존전략 등을 기술하고 있다.
- Rachel M, Mark PW, Kristen MD, Maude MD, Krystle LC, Steven JB, Edward MR, Janet KJ. 2011. Metagenomic analysis of a permafrost microbial community reveals a rapid response to thaw. *Nature* 480: 368–371. – 토양이 얼었다 녹을 때 미생물의 계통발생학적, 기능적 유전자의 우점도와 경로가 빠르게 바뀐다는 것을 보여준다.

국내 웹사이트

- 국가 생물자원 종합관리시스템 **http://www.kbr.go.kr** – 우리나라에 살고 있는 생물의 목록과 국가에서 관리하고 있는 국가지정관리종을 체계적으로 정리하였으며 국가생물다양성센터에서 운영
- 국가생물종지식정보시스템 **http://www.nature.go.kr** – 식물, 곤충, 균류, 포유류, 조류 별로 우리나라에 살고 있는 생물의 정보를 제공하며 산림청과 국립수목원에서 운영
- 국립습지센터 **http://www.wetland.go.kr** – 우리나라의 습지의 정보를 제공하며 국립환경과학원 국립습지센터에서 운영
- 북극N **http://www.arctic.or.kr** – 북극에 대한 전반적인 정보를 보여주고 있으며 극지연구소에서 운영
- 생명자원정보서비스 **https://www.bris.go.kr** – 생물을 이용하는 관점에서 우리나라의 생물자원과 유전자원을 소개하고 있으며 농림수산식품교육문화정보원에서 운영
- 한반도 생물자원 포털 **http://www.nibr.go.kr/species/home/main.jsp** – 국가 기후변화 생물지표 100종을 비롯하여 우리나라의 모든 자생 생물정보를 볼 수 있으며 국립생물자원관에서 운영

더 읽으면
좋은 자료들 계속▶

국외 웹사이트

- 미국국립빙설데이터센터 **http://nsidc.org/** – 눈과 얼음의 원격 탐사, 북극 기후, 동토, 빙상, 빙하 등에 대한 자료를 제공

- 북극과학위원회 **http://www.iasc.info** – 북극과학위원회와 관련된 전반적인 정보 제공

- 북극이사회 **http://www.arctic-council.org** – 북극이사회와 관련된 전반적인 정보 제공

툰드라에 사는
대표적인
생물 목록

우리말 이름	영어 이름	학명
· 관속식물**	**· Vascular plants**	
각시분홍바늘꽃	Dwarf fireweed	*Chamaeneriun latifolium*
검은망초	Black fleabane	*Erigeron humilis*
검은시로미	Black crowberry	*Empetrum nigrum*
고산꽃다지	Alpine whitlow grass	*Draba alpina*
고산나도들쭉	Alpine bearberry	*Arctostaphylos alpina*
고산나도철쭉	Alpine azalea	*Loiseleuria procumbens*
고산포아풀	Alpine meadow-grass	*Poa alpina var. vivipara.*
그린란드고추냉이	Polar scurvy grass	*Cochlearia groenlandica*
긴털송이풀	Hairy lousewort	*Pedicularis hirsuta*
나도수영	Mountain sorrel	*Oxyria digyna*
난장이미나리아재비	Pigmy buttercup	*Ranunculus pygmaeus*
난장이오리나무*	Dwarf or shrubby alder	*Alnus viridis subsp. fruticosa*
난장이자작	Dwarf birch	*Betula nana*
눈범의귀아재비	Alpine saxifrage	*Micranthes nivalis*
눈사초	Curly sedge	*Carex rupestris*
다발범의귀	Tufted saxifrage	*Saxifraga cespitosa*
들쭉나무	Bog blueberry	*Vaccinium uliginosum*
뫼사초	Rock sedge	*Carex saxatilis*
민담자리꽃나무	Entire leaf mountain avens	*Dryas integrifolia*
북극개미자리	Turfted sandwort	*Minuartia biflora*
북극평의밥	Northern wood-rush	*Luzula confusa*
북극다람쥐꼬리	Polar Fir Clubmoss	*Huperzia arctica*
북극담자리꽃나무	Mountain avens	*Dryas octopetala*
북극민들레	Polar dandelion	*Taraxacum brachyceras*
북극버들	Arctic willow	*Salix arctica*
북극별꽃	Arctic chickweed	*Stellaria humifusa*
북극쇠뜨기	Polar horsetail	*Equisetum arvense spp. alpestre*
북극이끼장구채	Moss campion	*Silene acaulis*
북극점나도나물	Arctic mouse-ear	*Cerastium arcticum*
북극종꽃나무	White Arctic bell-heather	*Cassiope tetragona*
북극콩버들	Polar willow	*Salix polaris*
북극황새풀	Arctic cotton-grass	*Eriophorum scheuchzeri*
솜털자작나무*	Downy birch	*Betula pubescens*
스발바르양귀비	Svalbard poppy	*Papaver dahlianum*

툰드라에 사는 대표적인 생물 목록 계속▶

우리말 이름	영어 이름	학명
씨눈바위취	Drooping saxifrage	Saxifraga cernua
씨범꼬리	Alpine bistort	Bistorta vivipara
자주범의귀	Purple saxifrage	Saxifraga oppositifolia
자주포아풀	Glaucous meadow grass	Poa glauca
좀속새	Dwarf horsetail	Equisetum scirpoides
진들딸기	Cloudberry	Rubus chamaemorus
암매	Diapensia	Diapensia lapponica
애기월귤	Mossberry, Small cranberry	Vaccinium oxycoccus
양털송이풀	Woolly lousewort	Pedicularis lanata
월귤	Lingonberry, cowberry	Vaccinium vitis-idaea
참백산차	Marsh Labrador tea	Ledum palustre
털솜방망이	Marsh fleabane	Tephroseris palustris ssp. congesta
향주저리고사리	Fragrant woodfern	Dryopteris fragrans
• 포유류 – 육상	• Mammals - Terrestrial	• Mammalia
갈색곰*	Brown bear	Ursus arctos
고리무늬물범	Ringed seal	Puca histida
고산순록*	Mountain reindeer	Rangifer tarandus tarandus
그랜트순록*	Grant's caribou	Rangifer tarandus granti
남방밭쥐*	Southern vole	Microtus levis
노르웨이나그네쥐*	Norwegian lemming	Lemmus lemmus
노바야젬랴순록*	Novaya Zemlya reindeer	Rangifer tarandus pearsoni
눈신토끼*	Snowshoe hare	Lepus americanus
목도리나그네쥐*	Collared lemming	Dicrostonyx groenlandicus
미국밍크*	American mink	Neovison vison
북극곰	Polar bear	Ursus maritimus
북극늑대	Arctic wolf	Canis lupus arctos
북극땅다람쥐*	Arctic ground squirrel	Spermophilus parryii
북극여우*	Arctic fox	Vulpes lagopus
북극토끼*	Arctic hare	Lepus arcticus
붉은여우*	Red fox	Vulpes vulpes
비버	Beaver	Castor canadensis
사향소	Muskox	Ovibos moschatus
산토끼*	Mountain hare	Lepus timidus
순록	Caribou	Rangifer tarandus

툰드라에 사는
대표적인
생물 목록 계속▶

우리말 이름	영어 이름	학명
스발바르순록*	Svalbard reindeer	*Rangifer tarandus platyrhynchus*
시베리아큰뿔양*	Snow sheep	*Ovis nivicola*
시베리아툰드라순록*	Siberian tundra reindeer	*Rangifer tarandus sibiricus*
울버린*	Wolverine	*Gulo gulo*
작은족제비*	Least weasel	*Mustela nivalis*
짧은꼬리족제비*	Stoat, short-tailed weasel	*Mustela erminea*
캐나다수달*	Canadian river otter	*Lutra canadensis*
툰드라들쥐*	Root vole	*Microtus oeconomus*
피어리순록*	Peary caribou	*Rangifer tarandus pearyi*
하프물범	Harp seal	*Pagophilus groenlandicus*
황무지순록*	Barren-ground caribou	*Rangifer tarandus groenlandicus*
회색늑대*	olf/wolf	*Canis lupus*
• 조류	• Birds	• Aves
가는부리도요*	Stint sandpiper	*Micropalama himantopus*
가창오리	Baikal teal	*Anas formosa*
개꿩	Grey plover	*Pluvialis squatarola*
고니	Tundra swan	*Cygnus columbianus*
긴꼬리도둑갈매기	Long-tailed jaeger	*Stercorarius longicaudus*
긴부리참도요*	Western sandpiper	*Calidris mauri*
꼬까도요	Turnstone/Ruddy turnstone	*Arenaria interpres*
넓적꼬리도둑갈매기*	Pomarine skua	*Stercorarius pomarinus*
넓적부리도요	Spoon-billed sandpiper	*Eurynorhynchus pygmeus*
두루미	Red-crowned crane	*Grus japonensis*
메추라기도요	Sharp-tailed sandpiper	*Calidris acuminata*
미국검은가슴물떼새*	American golden plover	*Pluvialis dominica*
바나클흑기러기*	Barnacle goose	*Branta leucopsis*
바위멧닭	Rock ptarmigan	*Lagopus muta*
버드나무멧닭*	Willow ptarmigan	*Lagopus lagopus*
베어드도요*	Baird's sandpiper	*Calidris bairdii*
북극비둘기조롱이*	Gyrfalcon	*Falco rusticolus*
북극홍방울새*	Arctic redpoll	*Acanthis hornemanni*
분홍발기러기*	Pink-footed goose	*Anser brachyrhynchus*
붉은가슴기러기*	Red-breasted goose	*Branta ruficollis*
붉은가슴도요	Knot/red knot	*Calidris canutus*

툰드라에 사는
대표적인
생물 목록 계속▶

우리말 이름	영어 이름	학명
붉은갯도요	Curlew sandpiper	*Calidris ferruginea*
붉은배지느러미발도요	Gray phalarope	*Phalaropus fulicarius*
붉은어깨도요	Great knot	*Calidris tenuirostris*
북극제비갈매기	Arctic tern	*Sterna paradisaea*
세가락도요	Sanderling	*Calidris alba*
쇠기러기	Greater white-fronted goose	*Anser albifrons*
쇠도요*	Least sandpiper	*Calidris minutilla*
스발바르멧닭*	Svalbard ptarmigan	*Lagopus mutus hyperboreus*
시베리아흰두루미	Snow crane/Siberian crane	*Grus leucogeranus*
알락꼬리마도요	Far eastern curlew	*Numenius madagascariensis*
에스키모마도요***	Eskimo curlew	*Numenius borealis*
작은도요*	Little stint	*Calidris minuta*
절반물갈퀴도요*	Semipalmated sandpiper	*Calidris pusilla*
좀도요	Red-necked stint	*Calidris ruficollis*
종달도요	Long-toed stint	*Calidris subminuta*
주홍도요*	Purple sandpiper	*Calidris maritima*
짧은털넓적다리마도요*	Bristle-thighed curlew	*Numenius tahitiensis*
청둥오리	Mallard	*Anas platyrhynchos*
케클링흑기러기*	Cackling goose	*Branta hutchinsii*
털발말똥가리	Rough-legged buzzard	*Buteo lagopus*
툰드라큰기러기*	Tundra bean goose	*Anser serrirostris*
흑기러기	Brent goose	*Branta bernicla*
흰갈매기	Glaucous gull	*Larus hyperboreus*
흰기러기	Snow goose	*Chen caerulescens*
흰눈썹물떼새	Dotterel/Eurasian dotterel	*Charadrius morinellus*
흰등좀도요*	White-rumped sandpiper	*Calidris fuscicollis*
흰머리기러기	Emperor goose	*Chen canagica*
흰멧닭*	Rock ptarmigan	*Lagopus mutus*
흰멧새*	Snow bunting	*Plectrophenax nivalis*
흰부리아비	White-billed diver	*Gavia adamsii*
흰올빼미	Snowy owl	*Bubo scandiacus*
흰이마기러기	Lesser white-fronted goose	*Anser erythropus*
· 파충류	**· Reptiles**	**· Reptilia**
태생도마뱀	Common lizard	*Zootoca vivipara*

툰드라에 사는 대표적인 생물 목록 계속▶

우리말 이름	영어 이름	학명
• 양서류	**• Amphibians**	**• Amphibia**
네발가락도롱뇽	Siberian newt	*Salamandrella keyserlingii*
무어개구리*	Moor frog	*Rana arvalis*
숲개구리*	Wood frog	*Lithobates sylvaticus*
시베리아숲개구리*	Siberian wood frog	*Rana amurensis*
유럽잔디개구리*	Common frog	*Rana temporaria*
• 곤충	**• Insects**	**• Insecta**
가구딱정벌레*	Common Furniture Beetle	*Anobium punctatum*
가문비나무껍질딱정벌레*	Spruce bark beetles	*Dendroctonus rufipennis*
가을나방*	Autumn(al) moth	*Epirrita autumnata*
검은파리*	Black flies	*Simulium spp.*
북극뒤영벌*	Bumble bee	*Bombus spp.*
북극숲모기*	Mosquitoes	*Aedes spp.*
북극알락나방*	Mountain burnet	*Zygaena exulans*
북극얼룩날개모기*	Mosquitoes	*Anopheles spp.*
북극집모기*	Mosquitoes	*Culex spp.*
여우끈벌레*	Fox tapeworm	*Echinococcus multilocularis*
오월파리*	Mayflies	*Ephemeroptera*
털곰애벌레*	Woolly-bear caterpillar	*Gynaephora groenlandica*

  *   우리말 이름은 공식 명칭이 아니라 이 책에서 이름을 붙인 것이다.
 ** 관속식물은 《북극 툰드라에 피는 꽃》에 나온 우리말 이름을 사용하였다.
*** 멸종 생물

찾아보기

그림으로 보는 극지과학 4

극지과학자가 들려주는 **툰드라 이야기**

지 은 이 | 이유경, 정지영

1판 1쇄 인쇄 | 2015년 4월 27일
1판 3쇄 발행 | 2017년 6월 15일

펴 낸 곳 | ㈜지식노마드
펴 낸 이 | 김중현
디 자 인 | design **Vita**

등록번호 | 제 313-2007-000148호
등록일자 | 2007.7.10
주   소 | 서울특별시 마포구 동교동 204-54 태성빌딩 3층 (121-819)
전   화 | 02-323-1410
팩   스 | 02-6499-1411

이 메 일 | knomad@knomad.co.kr
홈페이지 | http://www.knomad.co.kr

가   격 | 12,000원
ISBN 978-89-93322-76-7 04450
ISBN 978-89-93322-65-1 04450(세트)

영업관리 | (주)북새통
전   화 | 02-338-0117   팩   스 | 02-338-7160